從 IKEA到火山口，
一趟勇往「植」前的全球採集之旅

牛津植物學家的野帳

CHASING PLANTS

Chris
Thorogood

克里斯·索羅古德——著
韓絜光——譯 謝長富——審定

目錄

序

想像一下：你的爸爸媽媽趴在地上，手忙腳亂撈著從打翻的盒子跳出來的成群蟋蟀；你正值青春期的姊姊對著在浴缸裡產卵的蟾蜍尖叫；會噴內臟的海參往樓梯下連環發射「飛彈」；盛開的龍芋（*Dracunculus vulgaris*）那令人作嘔的臭氣從家門口飄送進來——我們家因為我，一天到晚都在面對這些事。

我從小就對生物著迷。對我來說，最快樂的事莫過於播下一粒種子，看它發芽茁壯，或在潮間帶東翻西找，或釋放罐子裡剛剛破蛹的蝴蝶。自然科學是我在學校最喜歡的科目，我會看著一種又一種生物，心想：為什麼它會長這樣呢？青少年時期，我在海生館打工，我會在退潮時到海邊，在岩石間搜尋罕見的海洋生物。我的房間是由玻璃罐、花盆、水缸組成的叢林，裡頭裝滿各種奇妙植物。我會仔細把這些全都記錄下來，為我種的植物繪圖、著色，設法了解它們。我命中註定要當個植物學者。

今日，我的工作帶我前往世界各地：我曾橫越沙漠、攀登山嶺、穿過森林、涉入沼澤，

豹斑豬籠草
（*Nepenthes burbidgeae*）。

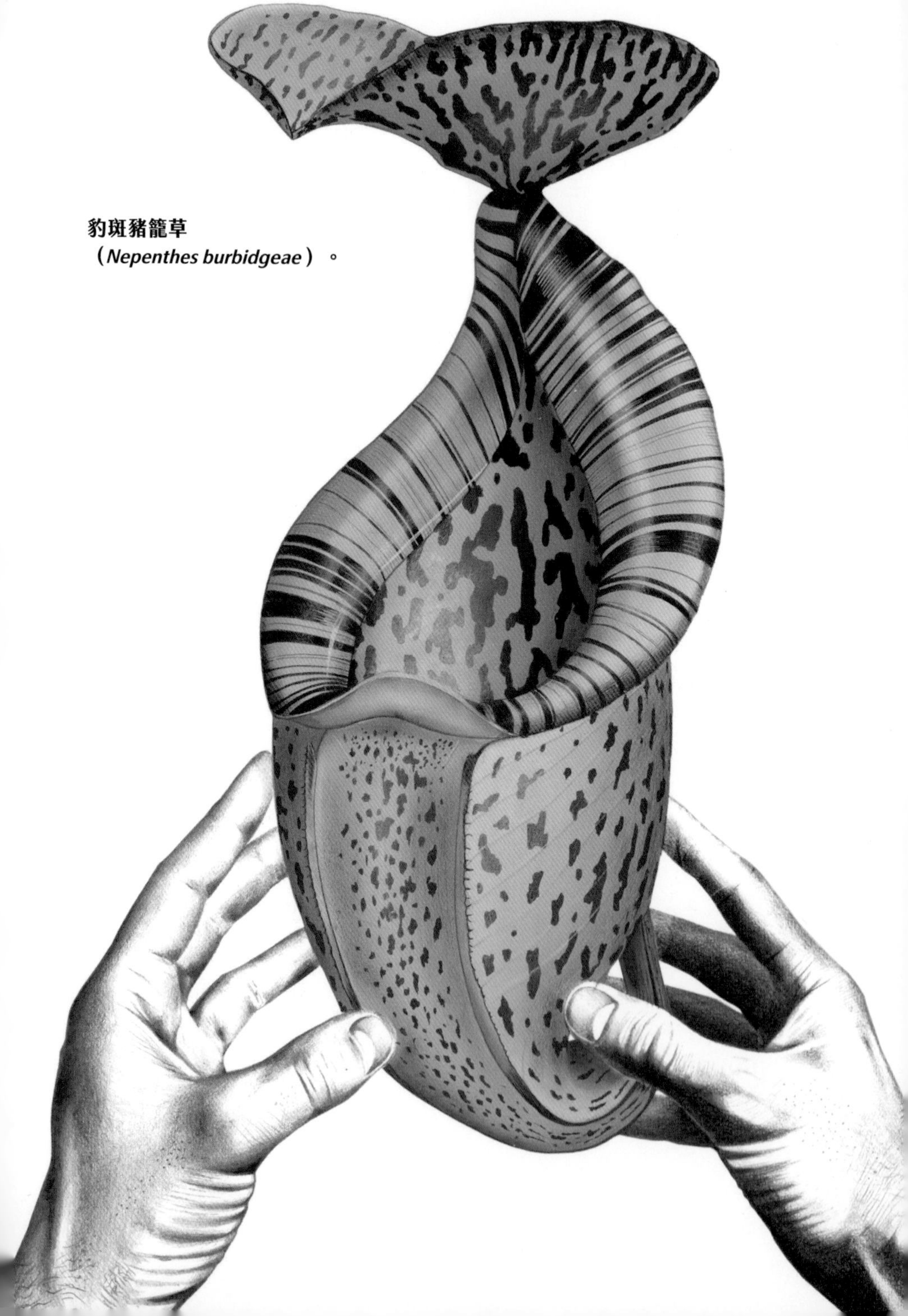

可我仍然會看著一種生物心想：為什麼它會長這樣呢？這一路上，那些我看見的植物所留給我的繽紛印象，我都一一收存，而後畫成圖加以保留——我一向習慣畫下周圍的世界。不時有人跟我說，我的畫讓他們想起瑪麗安娜．諾斯（Marianne North），這位十九世紀的植物插畫家，在植物世界畫出她的一片天。如同歷史上大多數女性藝術家，諾斯在世時並未獲得應有的肯定。如今，她描繪植物生長於原棲地的八百三十二幅畫作，掛滿倫敦皇家植物園「邱園」（Kew Gardens）中、以她為名的畫廊的牆上，有如一幅巨大的植物拼圖。還記得小時候，我總會抬頭望著牆上這些畫，目光來回尋找豬籠草。十幾年後，我在樹林間搜索豬籠草，就像當初的她；我用油彩記下所見所聞，也一如當初的她。說不定，她也有一點迷戀植物，就和我一樣——我喜歡想像「她也是」。

你在本書中所看到的植物，很多是我目前研究的主題。我的支線任務之一，是研究肉食性與寄生植物何以演化出今日的外觀與行為。例如，在我的畫中占了很大比例的肉食性豬籠草，以樹葉構成的陷阱吸引、捕捉、吞食、消化獵物，以便能在貧瘠的環境生存。二十多歲時，我在婆羅洲待了一陣子，那裡的豬籠草有各種令人眼花撩亂的大小和形狀，讓我大開眼界。現今的研究顯示，豬籠草多變的形狀反映了它們的食性。例如壯觀的馬來王豬籠草（*Nepenthes rajah*），以糞肥為食，樹鼩會在其上蹦跳，留下富含營養的排泄物——這正是為何它的籠身如此結實，因為它是動物的馬桶。[1]

我們能向大自然學習什麼？生物演化出精妙的對策以應對考驗，而這些對策可以啓發科技或設計的靈感：防水的蓮葉、沙漠甲蟲集水的翅膀、壁虎疏水的皮膚，類似的許多生物構造，都協助解決與輸水相關的諸多難題。因此，我與物理學者合作，探索以植物為基礎的可能設計方案。就拿肉食性豬籠草的葉緣來說，它一遇到水氣就變得滑溜，引導昆蟲沿葉面的多條溝槽滑入陷阱。我們由此發想，做出人造表面，發現這樣的結構是可行的，它能極其精準地網羅並引導液滴輸送——與豬籠草誘引昆蟲滑入陷阱的機制如出一轍。[2]這種機制可以沿預定路徑分類並輸送液滴，適合用在噴墨印表機等設備之上。

植物能夠為我們做些什麼？我也與世界各地的科學家合作，了解肉蓯蓉（*Cistanche deserticola*）的多樣性。這種奇異而美麗的植物在本書也有不少戲份，它說不定是全球沙漠化（土地退化）問題的其中一種解決方案。肉蓯蓉寄生於梭梭和紅柳等沙漠灌木根部，而種植這兩種灌木皆可以形成具穩定作用的「防護林」，阻擋沙漠擴張。在中國，肉蓯蓉有食

序

肉蓯蓉也許能用作全球土地退化問題的一種對策。

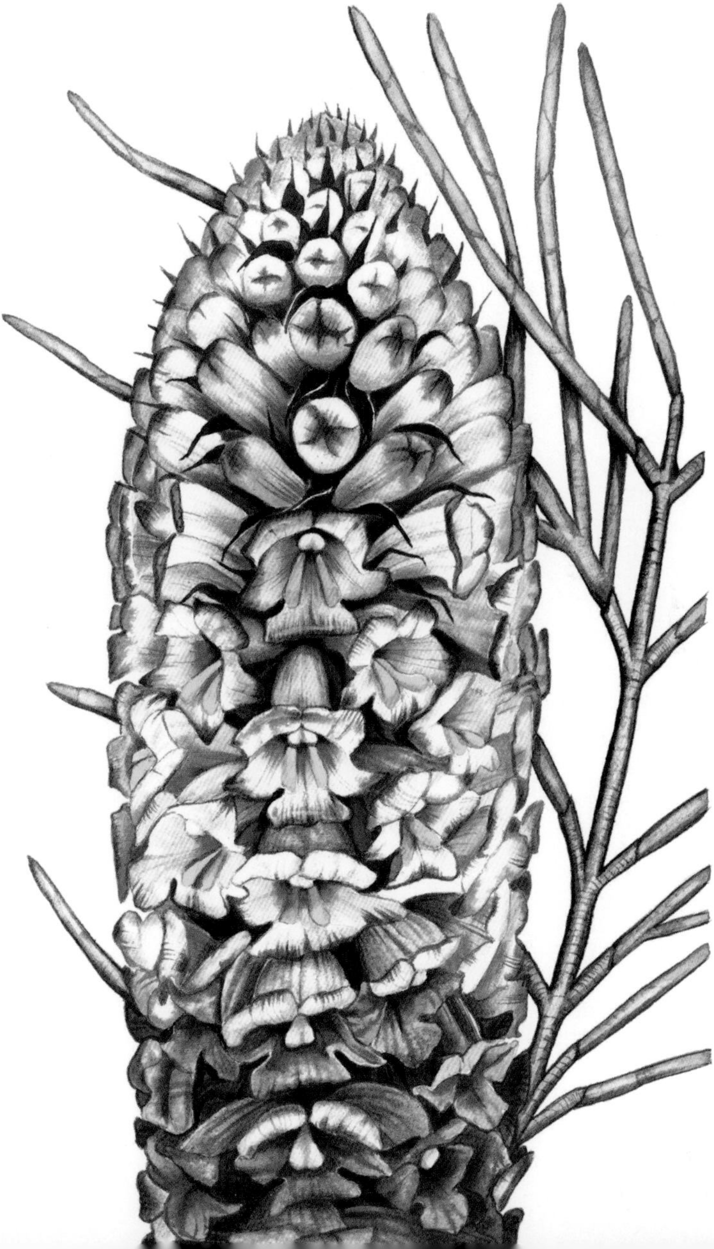

用價值，也是珍貴藥材，有愈來愈多農民開始沿著防護林邊緣種植肉蓯蓉當作副業。如果我們能以全球規模種植肉蓯蓉，說不定能一次實現兩個目標：滿足民眾對食材與藥材的需求，同時減少採摘珍貴的野生肉蓯蓉。[3] 說來容易，但首先，我們必須了解其多樣性，才能知道哪些種類需要保護、哪些則可以栽植——這就是分類學派上用場的時候了，它正是幫助科學家認識這顆星球上豐富多樣的生命，並整理出其架構的一門學科。

我們必須先知道某樣東西存在，才有辦法加以保護，所以植物學者尋找及描述新物種，其實就是在和時間賽跑，希望能夠及時保育它們。不久前，我和馬來西亞當地的植物學者**合作**，描述一個新物種。這種植物生長在一條橫越山林的山徑兩側，這條山徑很受遊客歡迎，[4] 妙的是，卻從來沒人留意過它。

這裡有個觀念必須澄清：每年世界各地「新發現」的物種，很多早已爲人所知並被使用了數千年，只是這些人被我們給忽視了。西方地理大發現所隱含、並持續至今的不平等，應當有所改變。而植物學家力所能及的其中一個做法，就是與世界各地的人們合作，一起探索當地的生物多樣性，並予以保護。

＊＊＊

我將透過本書帶領各位踏上的環遊世界之旅，並未按時間順序排列，我刻意略去日期年代，省得你頭昏腦脹——懸崖山頂和颱風就夠讓人發暈了。本書的前進路線也迂迴曲折，會在不同地點跳來跳去，就和我經歷過的一樣。書寫本書之際，我時而沉浸在我的田野筆記裡，時而把筆記拋開跳脫出來，正如我想像的讀者你，想必也時而沉浸在書中、時而暫且擱下書本吧。

〈前進捕蟲植物天堂〉一章，有些段落來自我二十歲出頭時在婆羅洲寫下的日記，在日本的零碎回憶則是較近期的事。我在每一趟旅程的目的不盡相同：在日本，我肩負保育任務，爲種子庫收集植物樣本並進行植被調查；在西班牙加納利群島，我與地方植物學者和生態學者合作，記錄當地的植物相，並協同地方民衆種植幼苗；我橫越地中海東岸諸國的冒險——偶爾與其他植物學者同行，其餘時間只有我獨自挺進——目的是爲了進行研究，一方面想做物種分類，一方面想爲該地區的植物相編纂圖鑑。至於和豬籠草共度的時光，目的則自私得多，爲的是滿足我童年時對植物的夢想；你也會發現，這些夢想的種子，老早之前就在 **IKEA** 賣場（沒想到吧）外面種下了。所以我讓旅程結束在婆羅洲的京那巴魯山（**Mount Kinabalu**）——小時候我睜大眼睛躺在床上幻想的地方，既是終點，也是一切的起點。

爲什麼我要把日記編寫成書？不論這些旅程是在何時、在何處、爲了什麼原因展開，都由一股對植物無法自抑的熱情串連在一起，我需要把這股熱情分享出去。「你要知道，你不只是到處尋找植物的孤僻怪胎，出版這本書一**定**有它的意義存在！」負責本書的出版社這樣拜託我，看來，我**就是**個植物怪胎。但她說得對：像我這樣的植物學者，在提高公衆對植物的認識上扮演重要的角色。人的生存仰賴植物，食物、衣物、藥物都少不了它，而且隨著對植物的了解日漸增加，我們才發現它對人的心理健康和幸福同樣重要——植物爲地球帶來活力。是的，此刻的我們，比以往任何時候都更需要植物。不光如此，植物自有其與生俱來的價值：我們與上百萬種遠比我們更早存在的植物共享同一個生物圈，也就是我們稱爲「家」的、這薄薄一層的生命宜居層，因此，我們有責任保護這些物種。然而，現今每五種植物就有兩種瀕臨滅絕。[5]面對人口擴張的威脅，植物節節敗退，有些在我們還不知其存在前就已經消失。更悲慘的是，植物面對的困境大多無人聞問，這樣的情況被稱爲「植物盲」（**Plant Blindness**）——簡單來說，我們根本沒注意到這些植物。

那我們能怎麼辦？也許，我們可以換個方式描繪植物，讓它們走進大衆的視野：呈現植物的迷人與特色，而不僅是將其視爲動物生活於其間的美麗背景。我們可以說明爲什麼保護植物和保護動物一樣重要，顛覆大衆對植物學者的工作內容，以及我們何以如此在乎植物的既定印象——我希望這本書能稍微做到這點。說不定，這本書會吸引某個人，也許是個學生，總之是會看著生物納悶「爲什麼」的那種人，使他／她夢想有一天也成爲植物學者。說不定到時候，他們也會向外探索，驚奇於未知，並努力保護他們當初讀到本書之後所夢想的事物，讓這個世界變得比起他們相遇的時候，又更加美好一些。

植物尋旅世界地圖

書中走訪的重要地點，以粗體字標記。

北美洲
英國
&
愛爾蘭
加納利
群島
南美洲
N
W
E
S

出發之前

你曾經著迷於某樣東西嗎？我是說，眞的很迷戀？翻來覆去就是睡不著，滿腦子想像著它：可能是一輛新車、你夢想中的房子，或某個人？我猜我們都有過這樣的心情，只是我迷戀的東西有點特異——我迷戀的是植物。

早在很久以前就這樣了。自從有記憶以來，我就追著植物跑：我學會植物的語言，學會判讀植物生長的地景，也學會通過植物與當地人交談。認識植物能讓你用新的眼光看一個地方，讀通森林的心思，聽懂山野說的話。

只要你曾經想著一件事，想得夠久也夠認眞，往後就很難不再去想它，對吧？只要曾經在腦海中，想像自己拖著身子爬上溼漉漉的山坡尋找豬籠草，或舉刀劈開草叢走向那株蘭花，或憑著一線直覺找到全世界最大的花，在現實中你就非得做到不可，不是嗎？去找吧，不計代價。了解它，認識它生長的地方，沉浸在它的美之中。

是啊，我為了追尋植物，也曾招惹過危險：我翻越鐵絲圍籬去尋找，攀到峭壁外去欣賞，為了它們敢赴刀山火海，為了它們墜入情網，但也覺得渾身充滿前所未有的活力。在這一路上我學到，其實你不是**非得**冒這些險，因為每個喜愛植物的人都知道，只要能追蹤到一件大自然的奧妙傑作，不論它生長在哪裡——樹林裡、球場邊，甚至是購物商場——那感覺同樣令人滿足。一旦你找到它，當下的感覺可比觸電，地球上沒有比那更棒的感覺。

我抓住那股電流，將其轉化為色彩：我在畫布上召喚我的植物，用畫筆一次次重現我與它們共度的燦爛時光，發揮想像力，在繪畫中拼貼一段段經驗。這些圖畫，連同我的田野日記，一起訴說著一則故事，一則關於一個男孩夢想成為植物學家的故事。

現在就讓我與你分享，我是怎麼在世界各地一路素描寫生，並實現這個夢想的。

I

那一天去 IKEA

英國與愛爾蘭

Ⅰ
那一天去 IKEA

英國與愛爾蘭

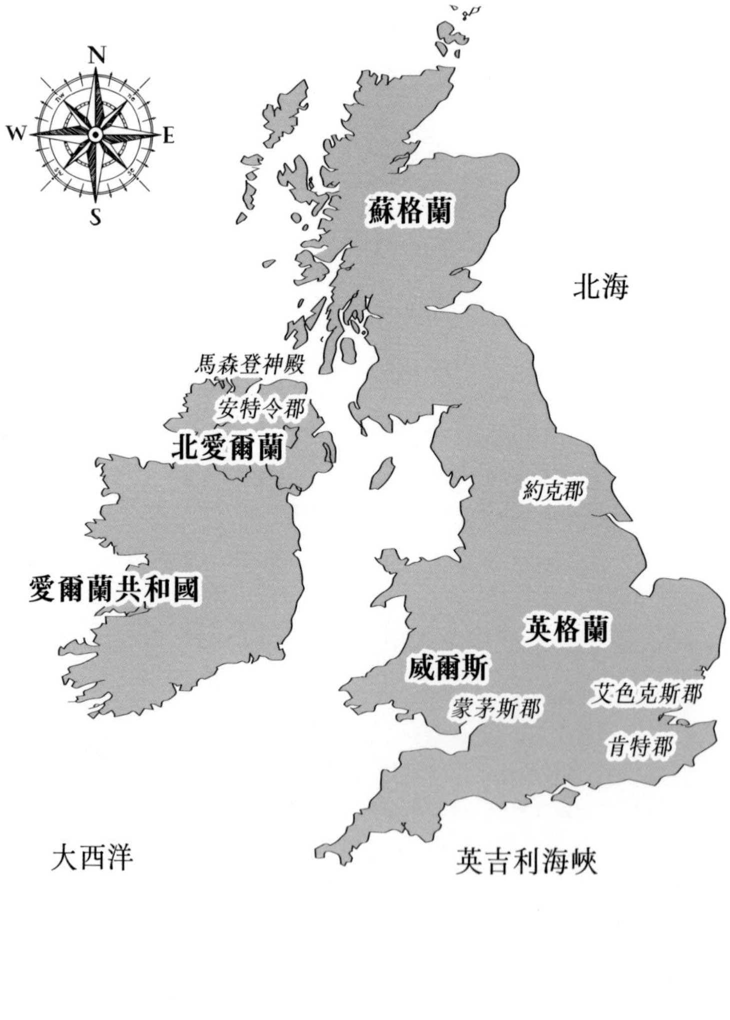

期見奇花異草於平凡之處。

我的旅程，始於英格蘭東南部艾色克斯郡（Essex）一處購物商城——先別不耐煩，我保證，後面的旅程會有異國情調得多。不過，我找到的改變我一生的植物，既不是在山巔，也不是在雨林，不，不是，而是在 **IKEA** 賣場外、棄置一地的可樂空罐之間。我在這裡遇見我的第一株列當，一隻沒有葉子的貪吃鬼，在看不見的地方攫住其他植物的根。列當沒有葉綠素，一毫克都沒有，放棄成爲行光合作用的植物先祖那樣的有益存在，化爲罪惡的生命，從受害者身上竊取能量。這種謎一般的植物，點燃我童年的好奇心，顛覆了我對植物行爲的認知，甚至是我對植物是什麼的想法。列當成了我的羅盤。

我祖母的書架上，珍藏著一排維多利亞時期插畫家安妮．普拉特（Anne Pratt）描繪大不列顛花卉的六冊巨作。我沒在花園調教蟾蜍、發射噴水海參、用新顏料摧毀地毯的時候，花了些時間細細閱讀這些散發霉味的書本。其中一冊描述有一群植物「寄生於其他作物的根系」，那一冊被我翻到都起了毛邊。那時我對植物還沒有多少認識，但這種植物黃褐色、光禿禿沒葉子的形象，在我眼中已經躍然紙上。「許多人第一眼見到，」

安妮在書中解釋，「以爲那是花朵經夏日豔陽風乾一切美麗後殘餘的樣貌。」[6]我不這麼覺得。我覺得這一群植物有其特有的古怪美感——而我滿心希望能實際找到一株。

事情發生在我的青少年時代，某天，全家人一起出門購物。「停車！」我在車上，指著停車場邊緣的一排灌木突然大喊。「拜託！」我的家人們齊聲抱怨，但隨著煞車「吱呀」一聲，車子停下了。我跳下車，仔細觀察，採下一些種子。這是我的第一株列當。

事實上，這裡有一整座列當森林：百來多株小列當（***Orobanche minor***）生長在常春菊屬（***Brachyglottis***）灌木的根系上，這種觀賞用灌木的外貌很普通。「勞登先生說，」安妮繼續寫道，這位勞登先生指的是蘇格蘭植物學家兼花園設計師約翰．勞登（**John Claudius Loudon**），「花園中或可利用荊豆花（**furze**）和金雀花來種植任一種列當。」我幻想自己說不定也能在家中後院如法炮製。書上還說小列當偏愛紅菽草，於是我的花園實驗就選定它爲宿主。只可惜，一年後我的實驗失敗，一根列當都沒長出來，太教人失望了。第二年，我又嘗試一遍，這次用的是常春菊盆栽——也就是我在 **IKEA** 發現列當寄生的植物。這回我可開心了，十多株列當推開盆土向上挺立，活像一簇簇紫色的蘆筍。

長在賣場停車場的
向陽小列當（*Orobanche minor* var. *heliophila*），
英格蘭東南部，艾色克斯郡。

長在高爾夫球場邊的
紫小列當（*Orobanche minor* var. *pseudoamethystea*），
英格蘭東南部，肯特郡。

勞登先生說對了一件事：花園可以種植列當，只不過它們對宿主的選擇，可比他認爲的要挑剔多了。

我始終不會或忘少年時在花園實驗的結果，於是我後來把這些鬼鬼祟祟的寄生植物當作研究生涯之初關注的主題，我的博士論文更深入探究列當科植物神祕的生命。我決心搞清楚，小列當是不是像書上宣稱的那樣，在選擇宿主時海納百川。於是乎，時而雙腳晃蕩在懸崖之外，時而低頭彎腰閃躲高爾夫球，我頭暈目眩的追尋就這樣開始了。我到處搜尋列當的身影，鑽進鐵絲網底下，向外攀上岩壁，還曾經跑進別人家的後院。受不列顛群島植物學會（Botanical Society of the British Isles）號召的一群列當愛好人士，從全國各地郵寄來樣本給我；我媽媽也被我說服，在教堂的庭院採集樣本，結果手裡還拿著小鏟子就被好奇的牧師撞見。我們全都被列當沖昏了頭。

回到實驗室，我在培養皿裡種植列當，仔細研究它們的縝密複雜之處：它們基因的樣貌、會或不會寄生於哪些植物。我發現表面上看似十分相似的族群，其實有截然不同的行爲——事實上，它們正在我們的眼皮底下演化出新物種。這是我當時的發現：從崖頂草地到高爾夫球場草皮，乃至 IKEA 的停車場，在不同棲息地與其他同類隔絕的列當，正悄悄過起各自不同的生活。

肯特郡

那一年最熱的七月天，我抵達肯特郡（Kent）的多佛修道院（Dover Priory）火車站。海邊的風充斥海鷗在特技翻飛之餘發出的尖厲鳴叫，飄著一股刺鼻帶甜的氣味，像鹽調和了醋。這座濱海城鎮除了港口，在百褶狀的白色崖壁下方，還點綴著一排彩帶般的房屋，全都受一座灰色大城堡統管。鎮上有一種熙來攘往、堅定果斷的氛圍，而居民看上去都是若有所思的樣子。我在鎮上的一間民宿放下行囊，立刻迫不及待往目的地出發：從多佛延展到迪爾（Deal）的海岸線，沿路生長著不列顛極爲罕見的一種植物。

距離多佛幾公里外，崖邊聖瑪格麗特（Saint Margaret's at Cliffe）村鎮坐落在此。這裡曾經是繁榮的度假勝地，感覺從一九四〇年代到現在都沒有太大改變。海邊的陣陣強風把松樹吹得歪歪曲曲，把灌木叢吹積得緊密厚實，樹叢間探出尖尖刺刺的朱蕉葉，一條陡峭的綠徑繞著松林和樹叢，奇形怪狀地蜿蜒向前。我從樹縫間瞥見民宅修剪整齊的草坪和在陰影處的餐廳窗戶。終於，狹窄的小徑漸漸平坦，盡頭消失於一片海灘，野常春藤（wild ivy）和鐵線蓮糾結成團，從邊緣融入倒伏枯草的灘地。

灰濛的海水輕輕拍打，耙鬆海灘上的卵石，爲空氣添上一縷鹹味。我啪嚓啪嚓踩著枯草，從滿身防晒乳條痕的遊客旁經過，他們就像海豹一樣橫陳在海灘上。有個女人倚靠著防波堤，調整腳上的紫色拖鞋，附近則有另一個人在甩毛巾，兩人都晒到全身紅得像蝦。我來到海灘最遠處的四棟白色別墅。我看到其中一棟名爲「白崖」（White Cliffs），是一九四〇年代劇作家諾爾．寇威爾（Noel Coward）的度假小屋。經過別墅後，日光浴的遊客悉數消失，海灘恢復荒野樣貌。海水在這裡把各種稀奇古怪的漂流物沖上岸，包括好幾個奶白色的「人魚手提包」——小點貓鯊（lesser spotted catshark）那皮革

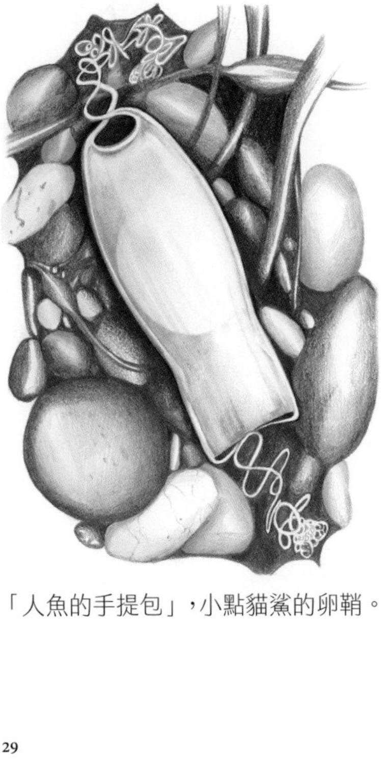

「人魚的手提包」，小點貓鯊的卵鞘。

生長在多佛白崖的
毛蓮列當（***Orobanche picridis***），
英格蘭東南部，肯特郡。

質感的卵鞘，被起了這樣華麗的別名；另外也有不少白堊色的烏賊骨。這些東西優美的線條和奇妙的形狀屬於海底——另一個世界。脆脆乾乾的海藻鋪成散亂的網，飄出濃烈氣味，我在海藻網之間揀路前進，才剛通過就看到一大堆白堊碎石坍落在岩壁下。看來這裡很有希望。

日正當空，暑氣在地平線上蒸騰，說我身在西班牙也不奇怪。我七手八腳爬上砂土鬆動的陡坡，才往上爬沒幾公尺，雙手就滿是白灰。我發現石頭上匍匐爬滿灰葉的多肉植物岩海蓬子（**rock samphire**）。我摘了一片多汁的葉子放進嘴裡嚼，有一股獨特的辛香鹹味瀰漫我的口腔——略帶一絲家具亮光劑的氣味。我發現，每一種植物各自都有獨特的香氣和味道，而我喜歡一一認識（除非有毒），我因此學會單從氣味就分辨出外形相似的不同種常春藤。

伴隨一聲歡呼，我在東一叢西一塊的植被間，撞見今天的第一株列當：濱小列當（***Orobanche minor* subsp. *maritima***），胖胖的花穗指著天空——不是我要找的植物，但仍是令人興奮的發現。濱小列當在不列顛最早記錄於一八四五年，是教士胡爾（W. S. Hore）在康瓦耳的惠特桑德灣（Whitsand Bay in Cornwall）峭壁上發現的。此後，這種列當與其他親緣相近的列當在外觀上神似的程度，始終令植物學者備感困惑；但它深紫色的莖、花朵下唇瓣上兩個黃色的結，還有對海胡蘿蔔（sea carrot，其寄生對象）的偏愛，都很有辨識度。我採下樣本裝袋，打算之後回到實驗室再做DNA採樣，然後繼續往上向峭壁頂前進。海蓬子的味道在嘴中久久不散。

「向下，採海蓬子者懸於半空，多駭人的行當！」莎士比亞在劇作《李爾王》（*King Lear*）第四幕第六場如此寫著，指的是採集生長在峭壁的海蓬子是極其危險的事業；但我發現，我追求的又比採收海蓬子要危險得多：我要找的是經常攀附於岩壁上的毛蓮列當。它主要生長在地中海沿岸，英國是它分布範圍的最北境，實際上也只限於多佛白崖和懷特島（Isle of Wight）。這一種英國最罕見的原生列當是一種嗜熱生物，喜歡斷崖壁上長年受陽光炙烤的乾燥岩脊，環境類似地中海溫暖的灌木叢。

翻遍多佛到迪爾海岸之間易碎的斷崖邊緣，我找到十來株珍珠色的花穗，從稀疏薄草之間抽長出來，肯特郡的熾陽把野草烤得乾枯。我蹲下來，仔細觀察列當的特徵。好的樣本要有黑色柱頭、長而蜷曲的苞片、毛茸茸的花絲，這些絕不會有錯。小一點的比較難分辨，因爲特徵很大程度上與隨處可見的表親小列當重疊，而小列當在這裡也有生長。我從找到的每一株上都取了一點組織，但爲了回到實驗室後的DNA檢驗，我需要更多樣本——看來躲不掉了，我必須攀到斷崖的外面去。

下午近晚，陽光依然炎熱。崖頂的草皮上，藍蝴蝶在蟋蟀此起彼落的鳴叫聲中漫無目的翩翩飛舞。奶藍色的海峽波光粼粼。一條蜿蜒的小徑在荊棘叢和草叢簇生的圍場間繞進繞出。圍場裡有馬，也有一叢叢紅籽鳶尾（*Iris foetidissima*），我自得其樂，摘下一片葉子揉碎，聞起來和烤牛肉如出一轍。沒多久，只見忙碌的多佛港出現在我左手邊，往海平線一直延伸出去，彷彿一座由車輛、起重機和管線構成的工業園區半沉於海裡。我探出高聳的白堊斷崖往下看，遠處，浮泛白沫的海水靜靜淘洗著山崖腳下的巨石。碎裂的白堊如一縷煙霧，慢動作沉向深海，有如在墨水裡注入乳白的雲。就在那裡，在一塊突出的石磯下方幾公尺處，就是我要找的東西：一叢象牙白色的毛蓮列當花穗，令人難以抗拒。

我不是有合格證照的攀岩專家，我不懂行話、不會繫繩、不會打結，但爲了尋找植物，我一輩子都在練習攀爬。我背抵著山壁，一寸寸往下移動，掌心直冒冷汗。**別往下看**。一點一點地，我挨到突出的一塊岩石上，岩面只有三十公分寬，而且比我想像的還要不平穩，不過我可以坐在上面，雙腳伸出邊緣擺盪，這倒不會太難。在這魔幻的一刻，天地間只剩下我與這些特別的植物，以及頭上、腳下、身後的多佛白崖，還有在眼前無盡延伸的海峽——甚至不會有人看見我在這裡，或許這樣也好，不然要是有人看見了，肯定會聯絡救難隊出動。

像是看穿我的心思似的，某處忽然響起警鈴聲，我嚇了一跳，隨即意識到是下方的渡輪站傳來的。「請注意，以下安全宣導事項……」和緩的女聲在斷崖上來回晃蕩，聲音和演員茱蒂．丹契（Judi Dench）異常相像。魔幻被打破了，我只好開始做正事：觀察、測量、蒐集、塗鴉。我小心翼翼扭動姿勢，希望拍個一兩張照片。「若您察覺異狀……」茱蒂．丹契這時接著說。看來最好該告辭了，免得底下渡輪站的人發現我。我抬頭環顧在我和山徑之間向上展開的垂直陡壁。才一站起來，白堊碎屑就像發出嘈雜水聲的小溪從我腳下鬆動滾落，消失在深淵之中。我抓住岩塊，掌心滲汗。這是很冒險的事。我再三安慰自己，既然能找到路線下來，爬回去肯定也不會太難吧。忽然，不知哪裡來的一隻巨大白海鷗從下方一邊尖聲怪叫，一邊盤旋向我飛來。我驚恐發現，牠想把我趕下岩壁！這隻獅鷲般的怪物彷彿自惡夢現身，繞著我兜圈子，像鎖定獵物的駭人猛禽，伸長尖利的橘爪猛撲。這是正常海鷗該有的行爲嗎？「滾遠點，你這個畜生！」我大吼，身體搖晃之際，腳下踉蹌差點滑倒。我倉皇抓住一簇雜草穩住重心，然後一邊摸索能抓握的地方，一邊向上爬，一路又踢落更多紛飛的石屑。我一次謹愼跨出一步，好不容易扒緊岩石，往上一撐，總算回到峭壁頂端。海鷗放聲大笑。

這哪裡是植物學，這簡直是玩命。

我頭昏眼花，拖著腳步回到安全的地方，手掌髒兮兮地沾滿白堊土、汗水和血。海鷗似乎很滿意我不再侵犯牠的地盤，繞了兩圈飛走了。我拍掉身上的泥沙，無言地動身回民宿去，心裡告訴自己，我再也不做這種事了。

——但我還是做了。

蒙茅斯郡

我在六月來到威爾斯（Wales）南部。這一天下雨，到處溼淋淋的。我來訪的目的是要尋找小列當的一種罕見型態，有黃色花穗、花朵簇生在粗壯的鱗莖頂端。我要找的這種型態只有幾名植物學者仔細觀察過，可能只生長在這一帶，在碼頭的周邊區域。我有一種強烈的預感，雖然我還沒見過這種植物，但我肯定能找到它。

通往碼頭的小巷子瀰漫溫暖、潮溼的柏油味。兩旁有高高的灰色圍欄，阻擋住醉魚草叢林；高壓電纜線網交織在我頭頂上方。我看見一個女人慢慢走在街道對向，穿的是拖鞋和粉紅色晨袍，在這樣風雨交加的天氣可眞是有趣的衣著搭配。遠方某處有機車呼嘯而過。我走到灰巷盡頭，牆上釘著告示，警告勿亂丟垃圾，一旁的地上亂七八糟堆著鋁罐、菸盒和形形色色的塑膠廢棄品。附近另有一塊告示牌寫著：「歡迎蒞臨碼頭。」

我不是很確定哪些地方可以進出，但碼頭入口處的男子看起來不反對我探索左手邊的區域，我便往裡走去。生鏽的鐵軌把灰砂礫空地和沙丘分割成一塊一塊的，地面

生長在碼頭的
黃小列當（*Orobanche minor* var. *lutea*），
南威爾斯，蒙茅斯郡（Monmouthshire）。

鋪蓋著凹凸不平、由雜草和莠草大麻（ruderal weed）織成的稻草色地毯。不到十分鐘，我至少已經看見二十種不同的植物。不論晃到哪裡，溫熱潮溼的空氣都滿溢著醉魚草混合雜酚油的氣味，同樣帶著甜甜的煙燻味。我踩過地上東一片西一片的黑水灘，沒多久就在掛著雨珠的雜草和酢漿草之間，看見推開沙地從鐵軌旁冒出來的檸檬色列當，是我的第一株。

我又一次感受到與第一次發現植物時相同的興奮，那感覺像咖啡因一樣流貫我全身上下。這個植株還小，尚未成熟，很難仔細觀察，我需要再找到更多。我在這個區域搜索了足足一小時，渾身溼透，柏油味牢牢黏附在鼻孔裡。我走向路邊一段鐵軌，透過溼答答的樹籬可以看見卡車不時掠過，接著一抹黃色忽然擄獲我的目光。終於，在被陽光照到發白的銀色洋芋片包裝袋和滿地的菸蒂之間，我找到一株肥美、成熟的列當樣本。奶油黃色的粗壯花穗在砂礫和墨黑野草襯托下幽幽放光。花朵密集簇生在上端，像個圓頂，正是它該有的模樣。我記下發現地點，方便之後再回來蒐集種子。以尋找植物來說，這裡實在不是空氣清新的風水寶地，但有所發現的興奮還是一樣美好。

約克郡

「你還好嗎，帥哥？」一名中年女士牽著她的㹴犬，用濃重的約克郡（Yorkshire）口音問我。她會這樣問很正常，因爲我當下四肢趴地，正要鑽進一道樹籬，離馬路只有幾步之遙。「噢，我很好啦，謝謝。我在找一種罕見的植物。」我說。她和她的㹴犬茫然看著我。「我是研究植物的。」我解釋說。她懷疑地看著我。我猛然意識到有一根樹枝岔出我的頭髮，額頭上的擦傷也還滲著血。「好吧，」她點點頭說，表情看來不太相信，「那……祝你好運。」她緩步走開，不時回過頭來看我幾眼，顯然覺得我心懷不軌。希望她不會報警。

不過，我懂她爲什麼懷疑，畢竟這地方看起來並不特別，但誰能想到，如果要找一種在不列顛群島上極其罕見的植物，這裡卻是最佳地點——它就是薊列當（*Orobanche reticulata*）。事實上，它罕見到幾世紀以來，始終躲過植物學家的法眼。如今，薊列當只生長在寥寥可數的幾個地方，均位於約克郡西北部的鎂質石灰岩層帶，這個地方似乎與古羅馬帝國鋪設的道路有關——雖然現在看來和高速公路的關係更加親近，背景只有汽車來往的低鳴聲。

長在懸崖外的**白花列當**
（***Orobanche alba***），
北愛爾蘭，
安特令郡（County Antrim）。

回到眼前的任務。我拖著下半身鑽過刺人的山楂叢，在一小片開闊草地上站起來。我摘掉衣服上的棘刺，環顧四周，馬上感到一陣雀躍：在我身旁，有許許多多薊列當挺立著強健的花穗。有些花朵滿開，豬肝色的粗莖上像刷毛般開滿玫瑰色調的花，最大的植株長到我膝蓋的一半。我花了足足三十分鐘在植株之間跳來跳去，或蹲下來，或四肢並用在地上爬，總之做盡植物學者會做的事。高速公路在遠處呼呼作響——那條公路直接貫穿薊列當現存最大的棲地。我聽著車聲，想著不列顛植物群相中的這塊珍寶，正遭逢著怎樣飄搖的命運。

北愛爾蘭

今天，我陪同全球首屈一指的家族史研究權威威廉．波特里克（William Bortrick），到北愛爾蘭各地進行植物踏查。我們乘坐他的敞篷車，沿著海岸飛馳，我飛快掃過崎嶇地貌，留意不尋常的植物；威廉在車上指出當地著名地標，包括統轄大片蓊鬱平原、肅穆的聖麥克尼斯學院（St MacNissi's College），還有坐落於安特令幽谷（Glens of Antrim）、歷史悠久的坎勞倫敦德里紋章旅館（Londonderry Arms in Carnlough）——首相邱吉爾繼承自曾祖母倫敦德里侯爵夫人法蘭西絲・安・范恩（Frances Anne Vane）的旅館。我們在一間小加油站停車，本來只想簡單吃點東西，卻享用了一頓家常午飯，待了半小時才離開——在這裡，你在任何民宅停下，都有人樂意做點菜招待你。我們把車停進一座小農場，農場主人全憑土地過活，家中沒有電力。接著我們徒步溼著鞋子行進，前往北愛爾蘭的最東北角公平頭海岬（Fair Head）。

陷在一團團羽毛般柔軟的泥炭苔（sphagnum moss）當中，我們不時蹲下來觀察腳邊細小的植物。沼澤地和緩往上，升向灰色陡崖邊緣。芾石楠和黑果越橘（bilberry）拼織如錦，偶爾被檸檬綠色的樹叢劃分開來；茂盛的樹叢擠滿歐石楠（*Erica tetralix*）和鮮嫩欲滴的蕨類；靠近大風強勁的海崖邊緣，小粉雲似的鐘石楠（*Erica cinerea*）出現在岩岬之間。從崖邊望出去，林木扶疏的山坡向下開展，凌亂散落在邊緣的黑岩石緩緩沒入海中。「對面那裡，」威廉咧開笑容，指著乳白色天空下起伏的灰色陸地說：「就是蘇格蘭了。」我們環顧巴里堡（Ballycastle）和拉斯林島（Rathlin Island）方向的地平線，望向下方管風琴般的豎石柱，能看見野山羊在遍地青草的岩脊上晃悠。突出於海崖外的岩石，頑固地禁受風吹雨打，羊銜草（*Jasione montana*）的天藍色小花在石縫間閃動。遊隼在我們上空俯衝，野鴉盯著我們瞧。這時候，威廉——這個看人和我看植物一樣準的男人——問起我的童年。迂迴走在這片氣勢萬鈞的灰色地貌破碎的邊緣，我跟他說了在 **IKEA** 停車場找植物、還有養蟾蜍當寵物的事。

＊＊＊

「你們找那些不容易啊。」園丁捲著菸紙說。

「是沒錯，但克里斯用聞的就能找到列當喔，跟找**松露**一樣！」威廉向他解釋。

「找那個也不容易啊。」園丁說完，舔了舔菸紙。「不過賽門知道上哪找。他是英國國民信託的巡管員，北愛爾蘭沒有他認不得的植物。」

我們問他怎樣可以找到賽門。

「找他不容易啊。」他叼著菸咕噥道，一手圈著菸擋風點火。「他出去跑步了。」

我們想了想，決定或許最好還是出發去碰碰運氣。我暗自認爲，只要到了那裡，直覺一定會告訴我植物的下落。把自己當成列當，用**列當**的方式思考。

但才剛上路，好巧不巧，我們就看到兩個慢跑的人靠在一輛車上喘氣。

「兩位哪一個是賽門？」威廉問。

「找他什麼事，他做啥了？」其中一人問。

說曹操，曹操到，賽門本人出現了，我們當場考了考他對白花列當的認識。園丁說得沒錯，賽門非常清楚這種植物長在哪裡。我們不敢怠慢，用心記住他給的詳細指引，在想像中翻越鐵絲圍籬、U形旋轉門，走進金雀花叢。向他道謝後，我們向東出發，前往巨人堤道海岸——正確來說，我們只走了四十公尺，因爲才剛出發，我就大喊：「那裡！」就在距離剛才討論白花列當出沒地僅僅幾步遠的地方，我看到話題的主角就長在路邊的山壁上。不顧路上其他駕駛的錯愕，我們拋下車子（「他們不會介意啦，這也算一種緊急事件。」威廉大手一揮說。），站在路邊，仰頭看向高聳的山壁。

要認識一個地方——而且是充分認識，就必須讓自己沉浸其中，對吧？像是張開雙手緊握，感受指甲裡的泥土——所以我這樣做了。我找到手指能抓握的凹縫，一次一塊突出的岩壁，撐起身體往上攀。我先仔細看了看從岩縫中溢出的一小叢百里香，然後繼續向上寸寸推進，踢落紛飛的玄武岩屑。汗珠從我額頭滴落。我對著底下的威廉大喊：「現在能看到那些植物了！」下一秒，我忽然被白花列當團團包圍：紅寶石色的列當，在漫漫長日中受陽光滋潤、經大西洋來的豐沛雨水澆灌，而後從岩石中被召喚出來。它們成群伸出粗壯的小花穗——起碼有十來多根，並且還有更多正努力推開石頭；它們莖的顏色和觸感都像過熟的桃子，豐美的花朵則有淡淡丁香味。我把握片刻寶貴的時間與它們相處，因爲下方馬路上愈塞愈長的車龍，不久就逼我回到地面。

距離列當樂園一小段路程外，座落著馬森登神殿（**Mussenden Temple**）。這座古希臘式圓頂小神廟高踞在大西洋上方，迎向如畫一般的玫瑰色天空。威廉（北愛爾蘭每座歷史建築的鑰匙他都有！）對著鎖手忙腳亂地試著鑰匙。「你們進去了能不能喊我們一聲，我們也一起舉杯慶祝一下？」下方步道上一名遊客用口音濃重但友善的聲音高喊。一想到那場面之荒謬，我們全都笑了。

在三道鎖各試了六把鑰匙之後，我們真的進去了，一個魔幻的空間在我眼前展開——迴盪其中的是冰冷的大理石、潮溼的灰泥，以及歲月的痕跡。我得知這座神廟建於一七八五年，屬於第四代布里斯托伯爵弗德里克（Frederick, 4th Earl of Bristol）宅邸的一部分。我透過結了鹽霜的窗戶窺看翻騰的大西洋，隔著玻璃仍能聽見海的呢喃。回到海崖，泛著橘紅氤氳的落日正往海面滴落，搜索列當的任務還要繼續下去。

風中的海藻味，腳下的青苔，岩石間的灰燼，天空中的餘火。這就是我在這裡的一天。

地點不公開（機密資訊）

爲了列當，我願意赴湯蹈火。我們一行四人在金字塔狀的煤炭堆下，套上螢光背心，戴上護目鏡，扣上工地帽，綁緊鋼頭鞋帶。這不是我平常尋找野花的打扮，我們看起來活像準備下礦坑去。同爲列當愛好者的弗雷．朗姆西（Fred Rumsey）和我來這裡，是要驗證一種近年來首度被人發現的神祕植物。發現者是名叫達瑞的鳥類生態學者，他也和我們一起來了，陪同的還有這地方的管理人蘇菲。我不能確切揭露我在哪裡，因爲這個地點必須保密——我們身在某個私人的產業園區內，爲了來訪足足花了一個月籌備文書資料。我只能說，這是你最想不到能看見珍稀植物的地點。

我們查看地圖，規畫路線。一如所有的尋寶之旅，我們沿著達瑞在地圖上標記的X記號前進。蘇菲問我們打算幾點離開，考慮到地點範圍甚大，我們討論後認爲必須在這裡待上三個小時。「我老婆會殺了我……」弗雷在面罩底下咕噥。穿上了螢光橘個人防護裝，我們沿著一條石墨路笨重地前進，空氣裡飄著柏油味。我們經過由縷縷蒸氣、起重機、工廠煙囪和大到足供車輛行駛的工業管線構成的網絡。坦克

生長在私人產業園區內的**毛蓮列當**。

般巨大的車輛發出嗶嗶聲輾磨路面的砂礫，同時朝著路邊的灰塵灑水，在所經之處留下糖漿似的細流。這裡什麼都是黑的。

「請千萬小心！」蘇菲再三叮嚀。她要是覺得這整趟路很煩，那也不能怪她，因爲我們老是飛奔出去、或是把安全帽忘在灌木叢裡，基本上一次打破好幾條規矩——但說眞的，帶兩個植物學者來這種地方，原本就是自找麻煩沒錯。弗雷不時蹲下來觀察這種或那種植物，手中笨重的單眼相機指向馬路，活像個偷偷摸摸潛伏在草叢裡的測速照相員。路旁灰黑的土丘點綴著也被染黑的植物，像是瘦長的毛連菜、蓮座狀葉叢的車前草、洋蓍草一類。雜草通常被定義爲長錯地方的植物，說到長錯地方，這裡也生長了另一種令人意想不到的植物。

「那裡有一株！」弗雷開心大喊。「這裡也有。」我答腔。它們大多數是金黃帶焦色，但有十來株的莖頂仍被牙齒一樣鮮白的花朵包覆，花朵全都沾了沙塵。記得我在多佛白崖不惜涉險也要找到的植物嗎，就是我說很罕見的那個？再度歡迎毛蓮列當！好幾百株——從每座堤岸、每面側壁、每處礫石堆探出頭，有些甚至從路面抽長出來。我們排除萬難，在不規則的工業園區中心，發現英國一種最罕見植物的最大族群。這讓我們簡直喜不自勝，在礫石堆間跳來跳去，一會兒衝上廢土堆，一會兒滑下斜面，撥開一叢叢野草，又忽然奔向園區邊緣。我們的舉動引來一小群工人圍觀，好奇這麼大騷動是在做什麼。我們興奮地指著植物給他們看，解釋特別之處給他們聽。他們低頭瞧了瞧那些冒出爐渣的棕黃花穗，一臉不相信。「呃，這些一直都長在這裡啊！」其中一人說。「這個呢？」另一個人指著一朵蒲公英問。「它們有什麼價值嗎？」第三個人說。不久，半數值班的人都在路上走來走去，傻傻盯著列當看。這下每個人都爲了列當忘乎所以。

II

狩獵吸血鬼

南非

II
狩獵吸血鬼

南非

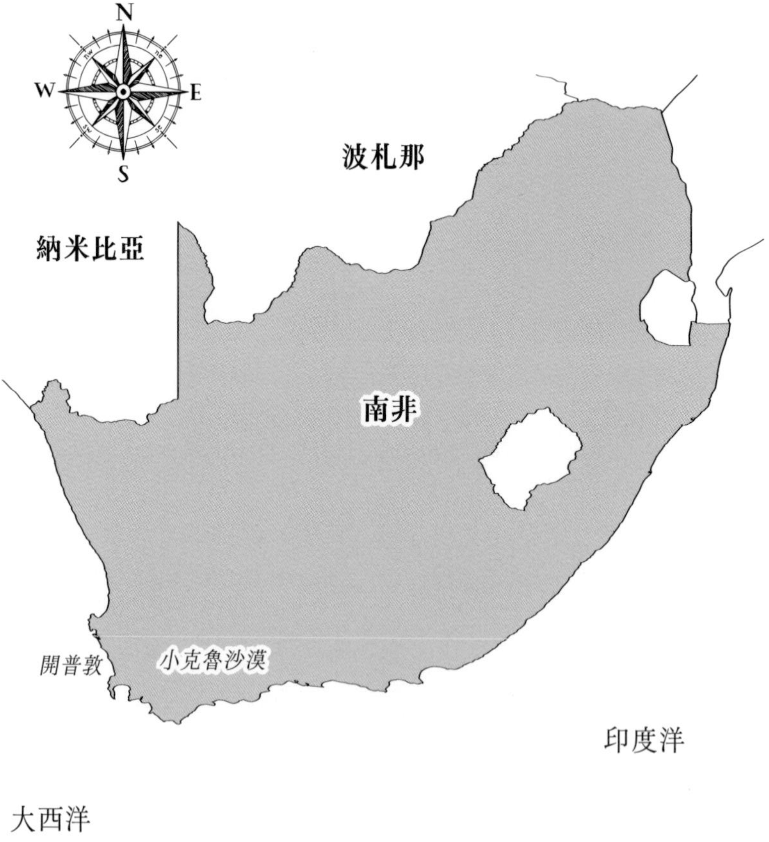

一行螞蟻指引我找到它們：張著血盆大口的一幫吸血鬼。

我被它們勾了魂——寄生植物，吸食汁液的植物界吸血鬼，它們的牙咬住我，獨特的生物特性和奇妙的型態擄獲了我。我尤其鎖定了其中一種：鞭寄生屬（*Hydnora*），外號「世界上最古怪的植物」。與列當科植物一樣，鞭寄生屬植物的葉子退化，屈就於一種鬼祟的樣貌，吸食灌木和喬木的根維生，只有開花時才會冒出地表——那時候你就知道了！它拳頭般的奇異花朵勢不可當，一拳竄出地面，甚至能衝破鋪過的路面，損壞基礎建設。花瓣張開露出的一嘴白牙（**當真是**吸血鬼），俗稱「誘捕體」（bait body），會散發惡臭，把好奇的糞金龜吸引過來。你以爲我開始寫起小說了？我可沒有。要說奇形怪狀的話，沒有任何東西——重中一遍，沒有任何東西，比得上這種植物。

鞭寄生屬植物只有少數幾種，出現在非洲、馬達加斯加島以及阿拉伯半島南部的半乾燥氣候帶。何時開花一樣無從預料，且通常開在偏遠地帶，想找到很不容易——但我有嗅出珍稀植物的天賦。趁著夏天在南非探索開普植物區系（**Cape Floristic Region**），我把這種植物當成下一個目標，**我非找到不可**。

＊＊＊

從開普敦出發，道路蜿蜒著，穿過開闊而嶙峋的峽谷，顏色或灰或橘的岩壁上垂掛著「凡波斯」（**fynbos**，南非語，意即灌木群系），聞起來像一座藥草園。兩個多小時後，凡波斯被多肉克魯生物群系（**Succulent Karoo Biome**）取代，洶湧起伏的半沙漠平原上覆蓋著灰土墩似的樹叢，和充滿肉感的大戟屬（***Euphorbia***）植物。我在克魯沙漠國家植物園（**Karoo Desert National Botanical Garden**）停車。植物園位於海克斯河谷山脈（**Hex River Mountain**）山腳下，四面有幽藍山影環繞，這裡眞是多肉植物天堂。我和植物園內一名友善的員工喝咖啡聊天，打聽採集種子需要的文件。園內有多條石頭步道繞行石階地，周圍生長著箭袋樹。之後我們沿著步道散步，閒聊各種植物。

在植物園內度過愉快的半小時後，我動身進入岩石散落的荒漠。正午的太陽下，沙漠閃閃發光，空氣裡有一股藥草味，聞起來像大麻，混了些防晒乳的椰子香。陽光太毒辣了，我每個小時都得補擦一次防晒乳。萬籟俱寂，我彷彿與克魯沙漠融合爲一。一隻孤伶伶的挺胸龜打斷我的沙漠日光浴，牠跌跌撞撞，笨拙地走在岩石草原上，對我在一旁似乎不以

鞭寄生（*Hydnora africana*），
南非，小克魯沙漠。

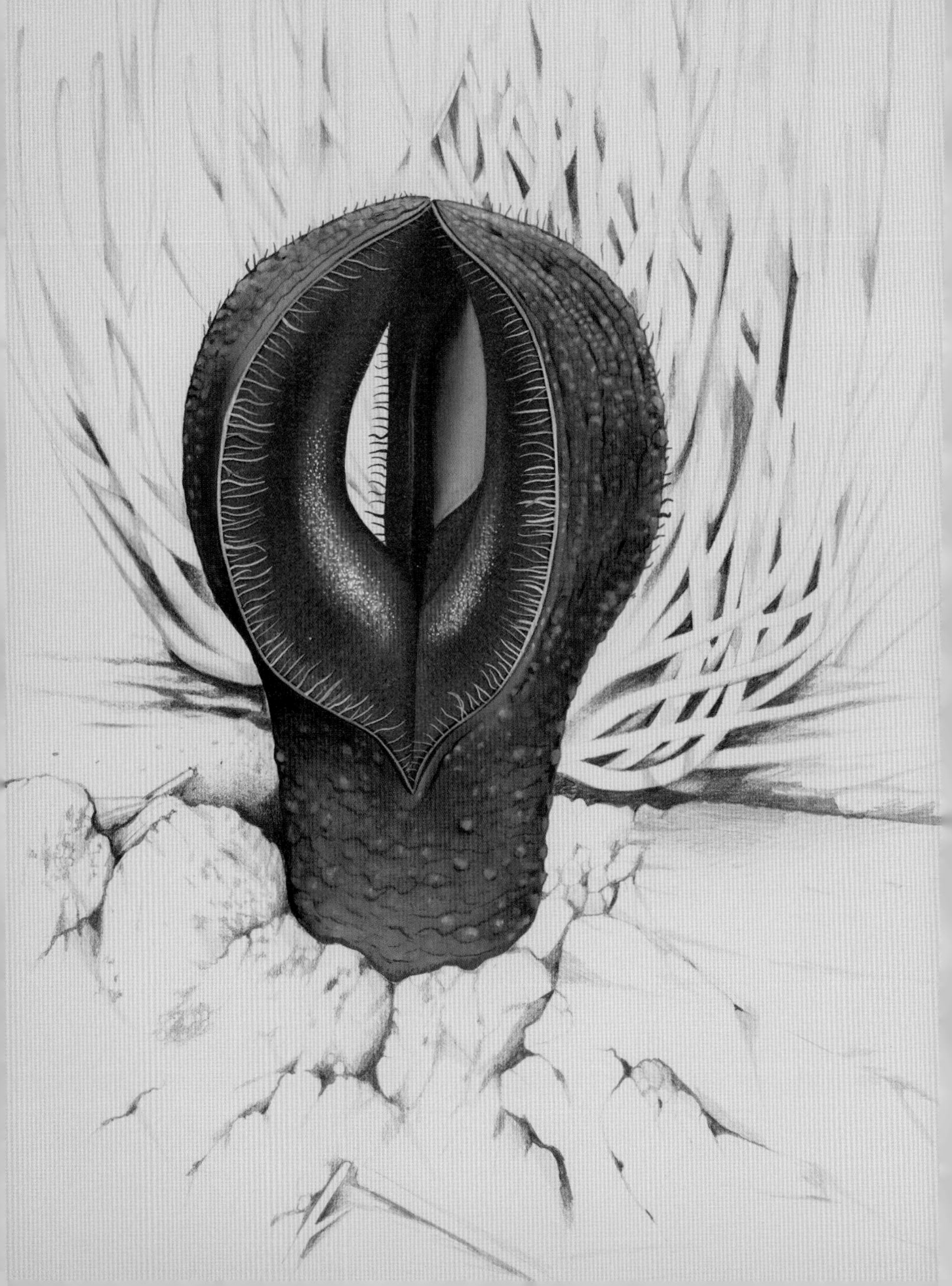

爲意。我看著牠笨手笨腳爬進一叢灌木底下。

一切又復歸寂靜。我在沙沙作響的樹叢間搜尋了足足一個小時。我知道該往哪裡找：巨石之間冒出的茅利塔尼亞大戟（*Euphorbia mauritanica*）灰綠色的莖底下。我仔細勘查整片地貌，逐一檢查每株大戟，往它柔韌蠟質的枝條縫隙窺看。什麼都沒找到，手臂上倒是多了好幾道交錯的刮傷，我舔了舔傷口，有鹹鹹的鐵味。這裡沒有其他人走過的路徑，愈走愈難判斷自己身在何處。同一株大戟我還不小心檢查了兩次，因爲它們全都長得像同一個模子刻出來的。夏季日照猛烈，身上又只有少少的食物和飲水，萬一迷失在沙漠中，後果不堪設想——但我有預感，我很接近了。

突然出現了一列大螞蟻，行軍橫越沙漠，看上去目標明確。我跟了上去。螞蟻大隊很有默契地集體右轉，引領我找到一小片新的茅利塔尼亞大戟叢。忽然間，我看到了：就在**那裡**！一幫吸血鬼對我張著血盆大口。終於。陽光熾烈，我又太過興奮，一時間我頭暈眼花，太陽穴突突直跳。我眞不敢相信我的眼睛：十來朵花竄出地面，各自盛開在不同階段。因爲花季已近尾聲，很多已經凋謝，但有幾朵仍闔著嘴，花苞緊閉。我從一朵看向下一朵，然後又掃視回來，簡直按捺不住激動。我仔細觀察花朵奇妙的紅色結構，爲其中兩朵畫了素描。有一株已經結果，這就是我需要採集的種子，植物園准許我把種子帶回園內存放。我像挖一枚大燈泡一樣輕輕挖開滿是碎石的紅土，果實三兩下就被挖了起來，像個小足球那麼大，如同牛皮紙般的顏色，表皮和蟾蜍一樣帶有疣凸。我劃開一個切口，確認果實已經成熟。果實的內部像甜瓜，粉色混白色的果漿亮晶晶的，點綴著一條條細小的種子。我停留了好一會兒，細細欣賞我的戰利品。

獨自一人在沙漠深處目睹大自然神奇的傑作，這種興奮又歡喜的心情，我不確定往後能否超越得了，甚至不確定是不是該設法加以超越。一旦對某件事上了癮，便由不得人，對吧？要想再次感受到這樣的衝擊，我就必須找到更野性、更超凡的東西。某種更**宏偉**的東西。

III

屠龍記

馬其頓、克里特島、賽普勒斯島

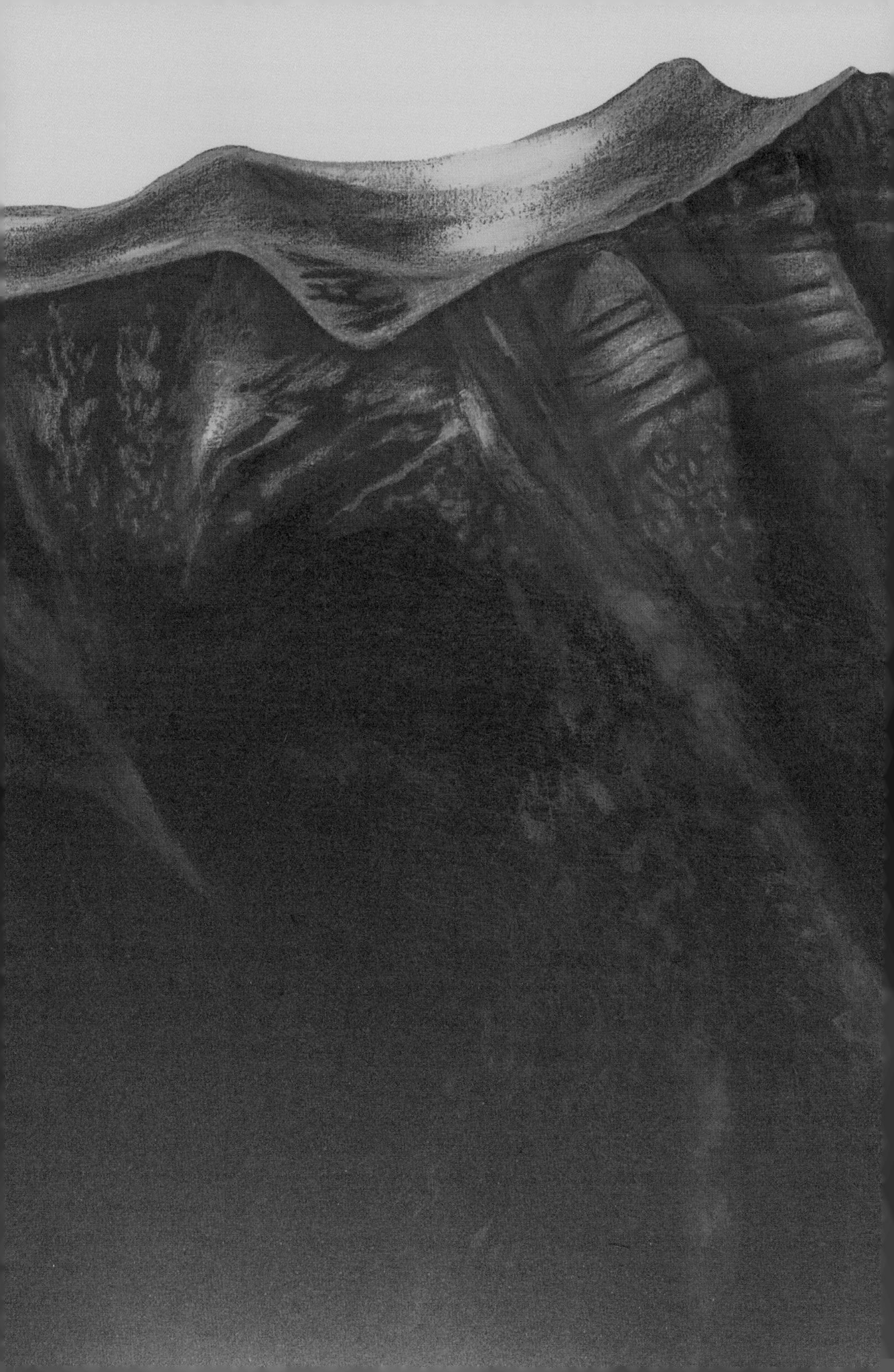

III

屠龍記

馬其頓、克里特島、賽普勒斯島

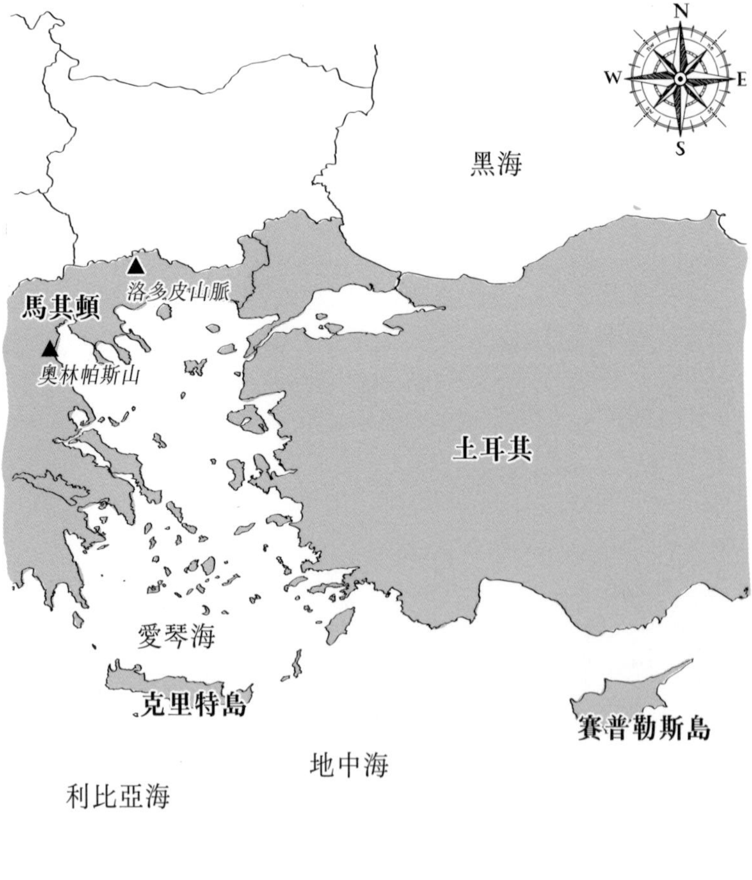

滾呀，滾呀，滾向下，我跌入龍的行伍。

歐洲推擠亞洲之處，轟然聳起了山脈、峽谷、草原、曠野與沙漠。這個慣稱「黎凡特」（**The Levant**，廣義來說是地中海以東）的地帶，有著複雜的地質和氣候。歐洲大陸和土耳其吹來的凜冽北風，在這裡撞上撒哈拉沙漠生成的熱氣。難分難解的風、海洋和陸地，歷經漫長的時間，鑄就豐富多樣的植物相。從陽光耀眼的岩石間探頭的植物，經眾多文明之手培育成熟，包括古埃及人、古希臘人和腓尼基人。這一片大地上，植物與神話一樣多采多姿。

植物科學在地中海以東根深柢固。我用筆電敲出這句話的時候，人在牛津大學圖書館，十卷厚重巨著在旁堆疊成塔，比我的頭還高；從挑高的窗戶斜斜投下的陽光照亮書籍，光線下灰塵飄飛。這十卷書是《希臘植物誌》（*Flora Graeca*），公認是歷來撰寫最完善的植物誌。作者是植物學教授約翰・錫布索普（**John Sibthorp**），繪者則是當時還年輕的奧地利生物繪圖家斐迪南・鮑爾（**Ferdinand Bauer**）。這套書被譽為「牛津最珍貴的植物學寶藏」，是出版史上的壯舉，從此改變植物學研究、插畫藝術、園藝造景的面貌。[7] 這十卷書如同一座寶庫，蒐羅了千幅寶石般的水彩畫，詳盡留存住黎凡特地區如夢似幻的風景，和萬花筒般千變多彩的植物姿態。

但《希臘植物誌》還不是全貌，這些美麗作品其實是繼承古希臘植物學遺產的成果。例如亞里斯多德（**Aristotle**，西元前三八四—三二二年）和泰奧弗拉斯托斯（**Theophrastus**，約西元前三七一—二八七年），兩人是希臘古典時期的哲學家，同時也是科學家，各被尊爲動物學和植物學的奠基者，也是生物學的共同開創者。[8] 又如迪奧斯克里德斯（**Dioscorides**，約西元前四〇—九〇年），是古羅馬帝國尼祿皇帝麾下軍醫，根據自己對植物的考察，寫下藥典《藥物論》（*De Materia Medica*），描述六百多種植物及其生長地、製備方法和醫藥用途。[9] 錫布索普在《希臘植物誌》對日後影響深遠的文章，就是受這些古希臘先哲與科學家的著作啓發。他比對自己尋獲的樣本與古代科學家的描述，好奇古人如何使用這些植物。該地區許多植物在十八世紀醫學中已發揮重要作用，但當地的植物群相、生長環境或物種分類還罕有人知。錫布索普於是出發前往地中海以東各地探險，希望補足當時尚缺乏的知識。

我和一名牧童同往採集植物，這位隱遁田園的植物學家，對植物名的認識令我驚訝不已。我查考了迪奧斯克里德斯和泰奧弗拉斯托斯記下的名字……他們的善舉被忠實流傳在該國的口語傳統中……這裡真是質樸的古代科學寶庫。

錫布索普，一七九五年。[10]

蒼穹晶亮，橙花錦簇，蟬聲迴盪，春來百花爭豔。這些景象我太熟悉了。我教了十年地中海野外植物學（field botany），率領被烤焦的學生走進莿豆叢，頂著驕陽用手持放大鏡觀察；或鑽進長角豆樹叩叩作響的樹枝底下，拔掉刺進衣服和頭髮的莿棘。你得與植物同在，才有辦法理解它，我們都這樣告訴學生。這一次，爲了邱園的地中海野花圖鑑，我追隨錫布索普的腳步走上希臘本島、克里特島和賽普勒斯島。我循空曠野徑下探峽谷、躍入漁船、跳上諸島、潛進愛琴海，希臘諸神的魂靈、神話生物還有龍，在我身後緊追不放。

馬其頓

飛機駛過跑道颳起的一陣風、煤油味和一絲別的什麼氣味，觸動了我的感受——這就是愛琴海的春天。走向塞薩洛尼基（Thessaloniki）機場入境大廳時，我感覺到每一次即將踏上植物探查之旅時都會出現的小小悸動。一想到驅車行駛在異邦陌生道路上的景象，心中就湧上期待和微微刺痛的焦慮。我確實有理由焦慮，因為我租來的小車才剛上路往東行，天空與雷電之神宙斯，就往地面投下了神怒。暴雨淌下我的擋風玻璃，在路上積出水窪，我幾乎看不見路。藍色路標印著看不懂的地名，在雨中糊成一團從車旁一閃而逝。接著一道閃電劃破天空，往我的焦慮又補了一刀。

好不容易抵達標示「Ριβιέρα」（里維埃拉）的海濱小鎮，我把車停好，平復心情。雨來得快去得也快，眼前的小鎮現在異常寧靜，甚至就像荒無人居一樣。起霧的車窗經我一抹發出吱嘎一聲，我湊近車窗看向投宿的地方——方正的白色房屋，頗有冷戰時期共產國家的氛圍。寫有「旅館」二字的大招牌用張揚的角度掛著，看上去很可靠，每扇窗卻都蓋上遮板，看起來就有點不太妙了。我鎖上車（照著招牌的角度停放），上前一探究竟。我借助手機的手電筒找到門鈴，按下後在門前等。沒動靜。**再等**。幾分鐘過去，門上傳來喀啦一聲輕響，門開了，走出一名矮胖的女士，腳趿拖鞋，喘著粗氣，困惑地看著我。「呃，我，客人？」我壯起膽子開口。她沉吟片刻，蹣跚走進屋內，在櫃檯後翻找了一會兒，終於拿著一串鑰匙走回來（我鬆了口氣）。我們走向我的房間，裡面格局詭異，牢房似的並排著兩張單人床，床頭板靠窗，看出去是一面白牆。我早已飢腸轆轆，問她這附近有沒有賣吃的。滑稽地比手畫腳一陣後，她端來兩隻炸得很老的雞腿和兩瓶我很需要的啤酒。就這樣，我抱著奧列格・波魯寧（**Oleg Polunin**）的《希臘與巴爾幹半島花卉》（***Flowers of Greece and the Balkans***）安頓下來過夜，與一隻探頭探腦的蟑螂爲伴。

其實也沒那麼慘。一覺醒來，地中海的溫暖陽光正烘著我的後頸（可想而知，因爲床頭對窗），我踩著雀躍的腳步起床盥洗。想到未來兩天能冒險尋覓我多年來一直想找的一種植物，我就開心得合不攏嘴。在這座破舊簡陋、卻也怡然自得的小鎮散步了一會兒後，我迫不及待動身，往洛多皮山脈（**Rhodope Mountains**）下的丘陵出發。

道路繞著岩丘行進，在我左側是這裡常見的地中海型硬葉低木林（**maquis**），右手邊則是寧靜的愛琴海。車行一小時後，我開上一條空蕩小路，蜿蜒進入馬其頓的丘陵帶，連綿好幾公里都是未受破壞的黃褐色丘陵。我經過血紅色的白堊岩質堤岸和小片長方形的田野，廢棄的農舍兀立在田邊，一連幾個小時都未見人影。愈往山上走，田逐漸消失，山丘覆蓋上一層濃密的綠色灌木植被。經過凱赫洛卡姆（Κεχρόκαμπος）後，車道縮窄，光禿岩地漸次出現。小小的紫銀蓮花（**anemone**）——馬其頓報春信的代表花——點亮了路旁的林木。我在午餐時間抵達目的地：俯瞰內斯托斯（**Nestos**）河谷的古老城堡，康姆尼納堡壘（Fortress of Κομνηνά）周圍森林密布的山丘。

而今春季來臨，每一片草地都開滿色調最鮮麗的銀蓮花，猩紅的、白的、藍的；其間又混雜番紅花、阿福花、風信子和紫色的蘭花。

錫布索普，一七九四年。[11]

我帶著地圖溜進森林。落葉樹依然光禿禿的，但春天的第一批花朵已經盛放。一群

洛多皮齒鱗草
（***Lathraea rhodopea***），
馬其頓，洛多皮山脈。

頸上鈴鐺叮鈴作響的乳棕色山羊湧入林徑，意外被我打斷。我們雙方都停下腳步，互望半天。報春花的嬌嫩黃花，和實心延胡索（*Corydalis solida*）的小粉花探出溪溝，頂冰花（*Gagea*）的小黃花在地面的裸土上發光。總覺得在這片廣袤偏遠的森林裡，我再走上幾星期也見不到半個人。我在被桃金孃大戟（*Euphorbia myrsinites*）潑染了硫黃色的石坪上停留片刻，這是來到這裡以後首次浸浴在春日溫暖的陽光。這個地方深邃靜謐，我按捺住打盹的衝動，繼續前進，盼在日暮前找到我尋覓的植物。

不看見也難。我拐過一個轉角，忽然間，就在那裡，在一片榛樹矮林的陡峭邊坡上，我看見了百來多株洛多皮齒鱗草，四周全部都是。它們挺立在落葉堆上，形似異常巨大的黃蘆筍，樣子很像它們在歐洲北部的表親鱗葉齒鱗草（*Lathraea squamaria*），只是大了好幾倍。每一根充滿肉感的白莖都有手指粗細，開滿粉花、黃花的花穗高過我的膝蓋。說不上美，但無葉的外型使它們多了幾分超俗、空靈的氣息，是一種淡定的美。離開森林前我回頭望去，它們彷彿教堂裡的蠟燭，照亮了林床。

奧林帕斯山

五十二座經深谷劈裂的山峰組成的巍峨巨塔，高二九一七公尺，周長一百五十公里；論地形突起度（**prominence**），奧林帕斯山是歐洲最突出的山脈，望之著實令人敬畏。其山峰之獨立、離海之近，以及接壤中歐與地中海植物相的地理位置，使當地植物演化出獨特的組合。地中海、中歐、巴爾幹半島的植物物種全都生長得異常鄰近；同時，常見於荒涼峰頂的高山植物種，則向下分布到潮溼、掩蔽的石灰岩河谷與峽谷間，遠低於平常的棲地環境。這片山是一座活的圖書館。我從北側的海岸平原接近這座植物紀念碑，崎嶇的灰色山體在我面前像一道牆陡然升起。宙斯的住所——不愧爲風暴之神，我看見祂的屋頂聚起了不祥的烏雲。

我停在山腳下一個定點，當地一位自然學者跟我說這裡很適合觀察蜂蘭屬（*Ophrys*）植物。蜂蘭毛茸茸的立體小花，可愛之餘還像極了昆蟲，達爾文對此大感疑惑。他對蘭花的授粉作用很感興趣，一八六二年還爲此專門寫了一本《論蘭花透過昆蟲授精的各種機制》（***On the Various Contrivances by which Orchids are Fertilised by Insects***）[12]。只不過，他在英格蘭觀察的特定種蜂蘭（*Ophrys apifera*）是行自花授粉——這是蜂蘭與其在地中海的授粉者長鬚蜂分離後演化的結果。要到一九二七年，澳洲博物學家伊迪絲・柯曼（Edith Coleman）才證實有些蘭花會模仿雌蜂的氣味與外觀，吸引雄蜂前來嘗試與花朵交配。[13] 發情的雄蜂向花朵突進，不經意帶走或播下花粉，過程全都對植物有利，自己沒得到半分好處（科學界稱爲擬交配，pseudocopulation）。這種奇特的小蘭花以無數各異的型態生長在地中海各地，愛琴海尤其是它們的大本營。

我在遍地礫石的準平原停妥下車。沒幾分鐘，就撞見第一叢溼漉漉的蘭花，很快更看到上百株，從露珠點點的草皮中探頭。其中多數是常見的黃蜂蜂蘭（*Ophrys sphegodes*），有尋常的型態，也有唇瓣有角狀突起的亞種 *mammosa*，還有一些有明顯的三葉唇瓣，屬於獨特的亞種 *spruneri*，剩下一些則看似介於這三種型態之間。我從過往經驗得知，不同型態的蜂蘭生長在一起，有時會長出難以辨認的標本，這大概也是很多植物學家和狂熱愛好者喜歡蘭花的原因吧。

我還在千迴百轉思索蘭花，幽暗中一抹栗紅色光影隨即擄獲我的視線。我一個箭步

希臘黃蜂蜂蘭（*Ophrys sphegodes* subsp. *spruneri*）。

向前，欣然發現是一對燦爛盛放的脊苞鳶尾花（*Iris reichenbachii*），比正常花期早開近一個月。黑醋栗色、形狀完美的花朵一塵不染，掛滿雨珠，好比眾神席前舉行的一場紫色盛宴。

我抵達利托喬羅（Λιτόχωρο），一座依偎在奧林帕斯山腳下的古雅小鎮，是登山客的集結站，我下榻的小旅館淹沒在一片紅屋瓦和電纜線海中。遠處，宙斯的風暴陰魂未散，雲層仍結實盤旋在複雜的峰頂周圍。我在鎮上信步閒晃，小鎮感覺昏昏欲睡，還要再過幾個星期才是登山季。幾個老人在小鎮廣場喝茴香酒，暴風雨前夕陽光依然明媚。我在大街上找了間餐館，享用希臘沙拉，也配了幾杯茴香酒下肚（入境隨俗嘛）。吧臺酒保似乎閒得發慌，但很友善，我和他們閒聊，他們說山上到了春天百花齊放，聽來讓人滿懷希望。回到旅館，我翻了翻當天的照片和素描，忽然一股滿足流貫全身——對蘭花和鳶尾花單純的愛、山區風景和那六杯茴香酒在腦中調和，我像是飲下一杯醉人的雞尾酒。

＊＊＊

我循一條窄路，進入山上東側的恩尼琵亞斯峽谷（**Enipeas Canyon**）。這條山路橫跨兩座以森林爲冠蓋的灰色峭壁，與晶瑩清澈的溪流平行。太陽才升起不久，除了山神、林仙和希臘神靈之魂以外，整座山爲我獨有。陽光璀璨，萬物顯得生氣蓬勃，在晨露中閃閃發光。岩壁上，處處貼附一層蒙了灰似的森林綠毯，樹種主要是胭脂蟲櫟（***Quercus coccifera***）和綠橄欖（***Phillyrea latifolia***）。山路領我穿過雨水淋黑的木橋，經過瀉入碧潭的瀑布，登上向外橫突的褶皺山嘴。我走上鐵砧狀的懸崖，從這裡能像老鷹一般，俯瞰帶有裂縫的高聳岩壁陡沒入溪谷。萬籟俱寂，這是山裡才有的寧靜。伸手可及之處，我注意到岩石縫間鋪滿塞薩利紫花薺（***Aubretia thessala***）紫藍色的軟墊，長得就像在英格蘭鄉間花園古牆上會有的模樣。山路忽升忽降，穿越一片茂密森林，我在林間發現一隻火蠑螈在我腳邊緩慢爬行。漆黑的身體，配上黃蜂似的鮮黃斑紋，幾乎不可能漏看。我記得在哪裡讀到過，這種動物很長壽，不知道眼前這一隻在這座山裡活了多久，在這個悠遠時間（**deep time**）*迴盪之處。

＊譯註：deep time 有「深時、深度時間、深層時間」等翻譯，是一地質時間概念，於十八世紀由地質學家詹姆斯・赫頓（James Hutton）首先提出，後由美國作家約翰・麥克菲（John McPhee）創出「deep time」一詞，普遍理解為以百萬年為單位的時間尺度。

生長在山腳的**脊苞鳶尾花**，希臘，奧林帕斯山。

午餐時間，我抵達普里奧尼亞（**Priònia**）峭壁。據說有捕蟲堇生長在溪邊布滿青苔的大石頭上，但我沒找著，所以繼續前進。在這個海拔高度，多褶陡峭的岩牆突出之處還有各種獨特而罕見的植物可看，包括奧林帕斯山特有的黃花金雀花（***Genista sakellariadis***），以及小圓頂狀的薩爾山虎耳草（***Saxifraga scardica***），通常攀附在最高的山坡裸岩上。

終於，我上達雪線。不知道從哪裡來了一條狼也似的黃狗，陪我走在山徑上。狗兒快步往前領先我十步後，坐下來喘著氣看我，眼神殷殷期待。也許牠和我一樣有第六感，能憑直覺發現事物，因為就在牠坐下的位置上方幾公尺，滿是青苔的岬角上，正是我攀上奧林帕斯山東脊想看的植物：赫爾德賴希歐洲苣苔（***Ramonda heldreichii***）。我環顧岩岬，目光勾勒出一條通往植物的路線。我用雙手把自己撐上凹凸不平的岩體，感覺手臂支撐著體重，同時雙腳蹬踏岩石，尋找腳尖能踩的地方。我看到方才那隻狗又輕快地跑下山徑，好像不感興趣的樣子。經過一陣手忙腳亂的攀爬，我上到了平坦寬闊的峰頂，一幅岩壁和森林構成的風景在我眼前展開。我在這裡看到大約十二個呈蓮座狀葉叢的歐洲苣苔從一條岩石豎縫裡長出來，柔軟的灰葉觸感像揉皺的絨布。「眞漂亮。」我喃喃自語。

我這是在和過去對話：這種歐洲苣苔是第三紀（**Tertiary period**）* 留下的孑遺生物，從久遠以前到現在，外在環境的變化就僅限於這座高山上較高處的山坡；它早在人類現蹤之前就在了，我想它也會存在得比我們更久，在這恆久不變的荒遠高處。我休息了片刻，緩和劇烈的心跳，然後放眼欣賞這一切——風景、植物與永恆。背負著千萬年的歲月，生根在千尺厚的岩石，這是一株伴隨奧林帕斯山的心跳生長的植物。

我們攀下岩崖，橫渡小溪，沿著狹窄幽谷前行，兩側是森林樹木覆蓋的高山；山壁上有瀑布傾瀉與小溪潺潺流出。

錫布索普，一七九五年。[14]

* 譯註：第三紀為距今六千六百萬年至兩百六十萬年前之間的地質年代，哺乳動物開始盛行、單子葉植物興起、靈長類演化出人猿。此年代劃分在地質學界面臨存廢爭議，但仍廣為使用。可進一步分為古近紀與新近紀。

克里特島

「跟新的一樣，對吧？」租車行的助理堆滿笑容，把停在機場停車場外的車輛鑰匙交給我。他說得沒錯——那輛福斯 **Polo** 小車一塵不染，閃亮簇新，但後來證明眞是可惜了這輛車。

下了幾天雨，景物在柔和的日暮下熠熠生輝，空氣裡有溼潤陶土的氣味。我開車前往哈尼亞（**Chania**），沿途望著風景。只見綠草如茵的路邊，花朵恣意綻放——紅、藍、白色四散飛濺，奶油色的一年生植物溢出柏油路面，還有與人一樣高的大阿魏（***Ferula communis***），挺直了莖和雲朵般的黃花。春天已然降臨在克里特島，我心中湧上甜美期待。

哈尼亞不存在可靠的停車位，而爲偉士牌機車設計的複雜單行道系統將我愈吞愈深。眼看似乎別無選擇，我決定開進一條鋪石子窄巷。巷子裡幾個老頭背靠或黃或紅的油漆牆壁，嘴上叼著菸，目不轉睛看我打入二檔緩緩爬坡。路邊盆栽裡絲蘭長劍般的葉片猛力刮擦敲打車窗。窄巷盡頭是一個「不可能吧」的 **T** 字路口，我選擇右轉，然後（天可憐見）實現了我此生最精細的十五度轉，準備下切回到同樣「不可能吧」的街道，只是現在我面朝反方向，好像無法再調轉車頭——上一次開車遇到這麼大麻煩，是我救了一株即將被送去做堆肥的兩公尺高仙人掌，每一次換檔，指關節都會被刺到。我反覆重踩加速，車子發出轟隆聲響，引來一票青少年注意。煎熬的汗珠流下我的後背。既然我有辦法開上來，肯定能再開出去的吧——我淺淺一笑，相信自己定能**剛好**脫困。就在這瞬間，我聽見金屬摩擦水泥的刺耳聲響——左後照鏡應聲折斷，車子再也不新了……

＊＊＊

愛琴海散落著一千四百座島嶼，克里特島是其中最大的一座，植物種類也最豐富。其多樣到令人稱奇的植物相，一直勾動植物學者的好奇心。這座島是曾經橫跨希臘本土與土耳其的古老弧形山脈留下的遺跡，至今仍保有兩地植物相的遺痕。曾經與歐洲、亞洲和非洲大陸相連，又經過五百萬年隔離發展，克里特島因而擁有超過兩千種植物；其中兩個屬更是島上所獨有，沒有其他尚存的近親。對野地植物學者來說，每年三月至四月，島上每座岩坡、峽谷、溪壑的每個岩縫間所迸發的獨特植物組合，只能以天堂名之，而我此刻也躬逢其盛。

我前往位於島上西北岬的格拉姆武薩半島（**Gramvousa Peninsula**），考察沿海「加里格」（**garrigue**，法語，指生長於法國南部、地中海沿岸石灰岩地質中的灌木植物）的植物相。哈尼亞往西的道路兩旁盡是金黃雲朵般的相思樹、斑斑粉色的夾竹桃，還有開滿了迎風閃爍微光的野花的鏽紅峭壁。成排的地中海柏木間，不時閃現波光粼粼的蔚藍海面，橙花的皂香味往車裡陣陣飄送，我已經能想像盛夏此起彼伏的蟬鳴。車往右轉，我劈哩啪啦輾過一條白礫石路，又駛上另一條路，直到路愈縮愈小，沒入鐮刀形半島上的一個鵝卵石窪洞。我拋下車子，徒步走下一條寂寞的黃色步道，步道映現了海岸線複雜的輪廓。走了約四十分鐘，一陣海霧湧上陸地，柔和了陽光，也在海上投下銀白色的靜謐。我的正上方，大堆杏色岩石上長滿一團團多刺的樹叢，每條岩石褶縫中微微閃動的顏色，暗示此處正是植物寶藏的所在地。

克里特島是蘭花的聚寶盆，沒多久我就看見我的第一株：蝶形倒距蘭（***Anacamptis papilionacea***），在地中海諸島的岩石坡地相當常見。我面前的樣本很小，開了四朵花，但只有一朵完全盛開。我透過手持放大鏡，模仿昆蟲眼睛的視角仔細觀察：花朵有粉色滾荷葉邊的心形唇瓣，花瓣上飾有氈尖粗細的長直線；花朵中心——整朵花最忙碌的地方——的蕊柱組成一個簡單的粉紅微笑，三片洋紅色萼瓣指向前方形成環抱。總體而言，是一朵笑臉迎人的花。

午後，我去到半島盡頭，那裡遍地是星星點點的多枝阿福花（*Asphodelus ramosus*）。書上說在希臘神話裡，阿福花是冥界的象徵，也許是因爲它們死灰蒼白的顏色吧。眼前的山坡陡落入海，上面滿是繁茂的阿福花，確實是一幅懾人心魄的景象。

回到哈尼亞，颳起一陣怪風，白色的遮雨篷上下翻飛，拍打出聲，窗遮板喀啦作響；侍者與風對抗不成，紙桌布紛紛飛入灰濛翻騰的海裡。另一場暴風雨正在醞釀。

＊＊＊

今天我將往內陸進發，考察克里特島獨特的峽谷植物相。我經過依山而建的白色石灰岩房屋，蜿蜒上山。一名婦女晾乾的衣物收到一半，停下來單手叉腰休息；一對全身黑衣的老婦人，推著一頭不甘願的驢子爬上巷弄，一個男人在旁看著，一臉的無聊厭煩。陰鬱的天空下，居民慢慢吞吞各自忙活。

我把車停在交錯的灰崖腳下，向下鑽進標有「因布洛斯谷」（Imbros）的驢徑。我今天無精打采，一路踢著石頭。四月的地中海應該晴朗溫暖、繁花似錦才對，但今年因為春天溼冷，萬物萌發得遲；也或許我心情低落是因為已獨處整整兩個星期了。不過我想，八成還是因為我正在我所能想見最惡劣的天氣下，往一座荒谷愈走愈深。陰狠的陣風把雨水一片片往我背上吹，雨隨後落向地面，在大地激起回聲；無味的雨水淌下我的臉，然後緊緊攀住我的衣服——說這裡是二月的蘇格蘭我也相信（淋雨多久會染上肺炎？）。我低著頭，悶悶不樂地前進，小徑被雨打黑，我停下來觀察路旁一叢蜂蘭，它們說不定能振奮我。毛茸茸的花朵溼透了，活像淋溼以後氣呼呼的貓。有些即使在風和日麗的時候也很難辨認，以現在的天氣，要鑑別更是不可能的事。傾向科學思維的我，腦中總有個嘮嘮叨叨的聲音，習慣從細節獲得安全感，喜歡一切井然有序、定義清楚、分類清晰、沒有鬆散脫序——但現在那個聲音大感不滿。蜂蘭花的斑紋看著我，發出嘲諷的冷笑。我立起連帽防水登山衣的領子、拉上帽子，不高興地瞪回去。氣死人的蘭花。沒良心的雨。

島上吹來清新的風……我雖看見千株植物，卻遇不到一株開花的樣本。

錫布索普，一七八七年。[15]

到了午餐時段，風暴已經驅散烏雲和我陰霾的心情，萬物再度煥發生氣。雨後的岩石散發舊書般的舒爽氣味，昆蟲隨氣溫升高也活動起來。爲了我的靈魂著想，我在黃阿福花的金黃尖穗間待了一個小時，浸浴溫暖陽光。這個地方畢竟還是不錯的。深谷和高山一樣，是少數未經人類開發破壞的地方，植物在這裡歷經千萬年持續生長。樹亞麻（*Linum arboretum*）從我頭頂上方的岩壁濺散而出，平緩的巨石小徑蜿蜒穿過狹窄陰涼的石縫，抵達海岸邊的碎石灘。

來到峽谷口附近，我在往荷拉斯法基翁（Hora Sfakion）的路上，看到龍芋仍緊閉花苞。紫色斑點的莖看起來很牢固，將長長的肉穗花序擧在半空中；每一朵開花構造都被佛焰苞（spathe）*緊緊包裹，翹向天空。我到處看有沒有哪一朵是完全盛開的，可惜結果令人洩氣，全都還要再過兩到三週才會盛開。

鋸蠅蜂蘭（*Ophrys tenthredinifera*），克里特島。

回程路上，我經過一群自然愛好者旅行團，團員分散在山道兩側東張西望，其中一人持雙筒望遠鏡望著空中的什麼。我注意到她身後有一個八十多歲的老人，拿著相機看起來像在拍前面女士的屁股；近看才發現有一根蘆桿，上面攀附一隻奇特的昆蟲，可能正好在他的視線上吧。我和他們聊了一會兒，比對彼此記錄到已開花的植物，或者該說是湊合著對照，因爲這個春天冷得不尋常。聽說我研究植物學，一名女士問我最喜歡什麼植物——人們總會問這個問題，你只能表現出樂意回答的樣子，不是嗎？所以我胡謅了個答案。但事實是，我沒有哪一種或哪兩種最喜歡的植物，要我列十個也沒辦法。要是龍芋開花了，我今天最喜歡的就是龍芋。心很累，我拖著腳步回到車旁。

傍晚，哈尼亞迷宮般的街巷引我來到港邊，四處有金髮白衣的遊客信步閒晃，周身飄散著香水味。海恢復了平靜，海面灑滿橙色的閃爍流光，如夢似幻。我找到一家能坐下來沉思的酒吧，邊喝啤酒，邊在腦中反芻這一天的波折起伏，偶爾發幾條關於我見到

※譯註：部分或完全包覆肉穗花序的葉狀或鞘狀苞片結構，許多開花植物都有，在天南星科植物（常見如海芋、火鶴花）尤其常見。

的植物的推特，向世界證實自己的存在。明天，我打算前往南海岸陽光炙烈的峭壁，那會是我此行最後一次看到龍芋開花的機會。旅館老闆娘告訴我，我標在地圖上的X點步行到不了，說服漁夫載我過去也很難。但總會有辦法的。

風雨漸強，阻礙我們繼續觀察。我們在山頂正下方一座天然洞窟躲雨，有些高山植物已經開花，像燈飾一樣從洞壁垂掛下來……風雨增強成颶風了，狂風呼嘯，冰雹順著山勢猛烈襲來，我們在下坡的岩面上好不容易才能踩穩。鬆散碎石布滿山路，使前方危險而充滿變數。我們到了……渾身因雨水溼透。

錫布索普，一七八七年。[16]

＊＊＊

早餐，我一邊仔細看我的地圖，一邊喝乾咖啡，剩下杯底的渣。當地一名賞鳥人士透過臉書向我透露，島上最南端的偏僻峭壁上有龍芋開花，他隱約用望遠鏡看到了，只是那個地點沒有道路或野徑能抵達。也許山下村裡的漁民知道一條徒步前往的路線？沿海一帶的事，漁夫不都瞭若指掌嗎？「想多了！你問他們也沒答案啦。」送早餐的女士手上端滿盤子，回頭駁斥我。「他們就只在乎他們的漁船而已。」

「在漁船上工作很苦的。」村裡膚色焦褐的老漁夫說。他迴避眼神接觸，在船上忙著收拾漁網，船身的藍漆被陽光晒得斑駁剝落。「一般人難以體會。暴風雨的時候、沒魚的時候。不容易啊。」我同情地點頭。他沒那個心情看地圖尋龍，我看得出來。我默默回到車上。「您設定的路線有非柏油路，確定要繼續嗎？」ＧＰＳ導航機械化的聲音冷冷地說。看來沒有半個人對我的冒險感到樂觀。我無視所有人，依然把車開上崖頂確認方位。我會找到路下去的——我向來能做到。

天空蔚藍。我在崖頂環顧地平線，岩壁摸上去和血一樣溫熱。往下望去，是一片蜜色陡坡，向海逐漸展平，坡上四處散落縮成一團的灌木。小塊小塊的陸地分裂形成漂浮的碎島，往地平線延伸。一陣暖風竄上山坡，起而後落，擾動樹叢。海面平靜，海的藍色完美到相機再好也拍不出來。在克里特島溽熱的南海岸，早春四月感覺已經像晴朗的七月天。我暢懷欣賞這一切，把嚴寒冬日搜尋植物的記憶歸檔，收進腦中。

慢慢來——此乃要訣，下峭壁絕對不能急。臉頰貼著岩壁，我兩腿騰空，輕踢岩壁，判斷哪裡能落腳，用我的腳與岩石對話。壁面凹凸不平，能踏的點其實不少，問題是一踏就消失。每當我剛把靴子踩進石縫，石頭就化成沙碎散下去。**別慌張**，我有的是時間慢慢下到崖底。話雖如此，我感覺十指在腎上腺素作用下麻麻癢癢的，掌心滲出溼黏的汗珠——腳下就是萬丈虛空，難免出現這種結果。不過這也令人振奮——相信我，是真的。懸崖峭壁妙就妙在有各種植物在其上頑強生存，不畏四季變化，甚至在我左手邊兩公尺外就能看到……**專心**。太陽晒在我的後頸上，也把岩石的每條輪廓細節勾勒得無比清晰。往下，往下，我不停往下，最後兩公尺我腳踢、腰扭、身體懸盪，甚至縱身一躍，終於跌跌撞撞下到崖底。幸好，我有過更慘的下攀懸崖經驗，這還不算什麼。我拍掉身上的沙土，環顧四周。

見到龍之前，會先聞到龍息。而這樣炎熱的一天，在克里特島崖底吸入一鼻子龍群的氣味，這是令人永生難忘的經驗。龍群的景象讓人看得目不轉睛，每一株盛開的花穗都威風凜凜，挺立超過一公尺。這些不凡的植物種在花園裡，你或許會覺得好奇，但在野外看見它們冒出石縫，襯著波光粼粼的海，只能稱作奇觀，也難怪它們在中世紀與蛇、魔法和春藥的傳說掛鉤。我設法繞龍群看了一圈，有一株樣本看上去自信滿滿，絲絨質感、滾荷葉邊的佛焰苞像龍吐舌往後伸，苞片中央皺巴巴、帶光澤的肉穗指向天空，顏色是黑巧克力色。我聽見飛蠅振翅的嗡嗡聲，它被惡臭味誘惑，以爲找到腐爛的山羊屍體可以產卵；當它從一朵花嗡嗡飛向另一朵偵查的同時，不覺間就完成了異花授粉。我看著一隻飛蠅爬出正盛放的花朵，身上沾著花粉：演化活生生上演，我看著整個過程在我眼前展開。我頂著蒸騰熱氣，在再也無法忍受惡臭之前盡情觀察龍群，然後才爬進海水裡清涼一下。

我上岸滴乾身體，周圍受陽光炙烤的赤陶色岩石被水滴黑，像起了疹子。我身上的擦傷因鹽分而刺痛，鹽在我晒黑的皮膚上留下粗糙的白色條帶。我能聽見石瀑下方遲緩的潮汐發出柔和的嘆息與嘶鳴。地平線上伸出一條岬角，方塊狀的白房子凌亂散布其上。我收拾東西，動身沿著坑坑窪窪的小路往村子前進。小路起起伏伏，蜿蜒繞行陡峭懸崖，一路沒離開海濱。蘭花吐著小舌頭，綻放的田春黃菊映襯著波光。

除了海和光以外別無他物，如此走了一小時，我開始發現有人居住的跡象：機車的低鳴、圓鋸重重鑿進物體的聲音；瘦小的貓一閃身溜進牆縫，一隻章魚和一家人的衣物一起夾在吊衣繩上晾晒；滿臉皺紋的老婦人一身黑衣，舉步維艱地爬上一條陡巷，巷子飄著濃濃的洗衣粉味，窗遮板後傳來收音機的尖響。可儘管這個地方處處迴盪低沉聲響，卻看不到幾個人，有地中海沿岸村莊昏昏欲睡的疲乏感。我在波光粼粼的水邊找到一間餐廳，外觀飽經風霜，店裡有船和汽油味。膚色黝黑、神情肅穆的建築工人沿著粉刷過的白牆，坐成一排在抽菸，一條黃狗在他們腳邊牆下的陰影打盹。服務生用希臘語招呼我，我很高興我看起來像本地人，讓我覺得自己彷彿融入了當地，但我徹頭徹尾聽不懂，這個幻覺被馬上粉碎。服務生切換成德語，我用英語點了一份希臘沙拉，配兩瓶啤酒沖下肚，然後又開了第三瓶。暑氣眩然，醉意直衝上頭。慵懶的午後。拖著搖晃的腳步，我撤退上山坡，在一棵孤獨的角豆樹陰影下小睡，夢見峭壁、海和陽光下的龍。

這座島的魔力漸漸如花粉一般，溫柔黏落在我們身上。

傑洛德・杜瑞爾（Gerald Durrell）*，一九五六年。[17]

＊＊＊

艾萊夫塞里奧・達利歐提斯（Eleftherios Dariotis）是本地的一位種植專家，從島上各地召集牧羊人大隊協尋開花的野牡丹。我們植物學者總會互相照應，但他們遲遲沒出現，於是我獨自走遍奧馬洛斯平原（Omalos Plain）尋找野牡丹。我攀越鐵絲網、在廢棄建築物周邊探頭探腦，也在白雪皚皚的山邊穿行於成排光禿的樹木之間——但是沒有用，如果連牧羊人也找不到，我知道自己再找下去也無濟於事。所以我改變計畫，前往島中央的凱德羅斯山脈（Kedros Mountains），那裡的花開得比較繁盛。我在泥地上鋪開我的超大地圖，瞇起眼睛勾畫出一條東行的路。出發前，我抓緊機會在車身側面抹上溼泥巴，掩蓋這個星期稍早與牆壁起衝突的證據。

內陸的道路被牛奶糖色的山壁和亂石山坡包圍，路旁可以見到彎腰提著大籃子在撿些什麼的人影，可能是在撿蝸牛吧，因爲昨晚下過雨。島上的人非常適應這塊土地的豐饒和韻律。路往上攀升，土地從兩旁消失，一對蜜棕色的鷹循著看不見的階梯盤旋滑翔，

※ 譯註：英國博物學者、動物園創辦人、動物保育作家及電視節目製作人，代表作有《希臘狂想曲》等。

克里特島的天南星科植物。左上起順時針依序是：**山地天南星**（***Arum idaeum***）、**昔蘭尼加天南星**（***Arum cyrenaicum***）、**克里特天南星**（***Arum creticum***）、**紫苞天南星**（***Arum purpureospathum***）、**龍芋**、**愛琴海天南星**（***Arum concinnatum***）。

目光緊盯地面，陽光映照在鷹的翅膀上。我停下車，仔細觀察一叢克里特天南星：油亮亮的矛狀葉片，從染有雪莉酒色漬斑的石頭間探出。不同於遠親龍芋，克里特天南星花的顏色像是檸檬起司蛋糕，香味則甜甜的像是百合。離開它們才走了一小段路，我又遇到天南星科另一名成員：愛琴海天南星，長在矮灌木叢的綠影下。它就和長在峭壁上的表親一樣了，對授粉昆蟲玩起模仿腐爛的花招，發出近似動物糞便的氣味引來蠓蟲。為了完美模仿，甚至連它黃色的肉穗花序摸起來都溫溫的，就像新鮮的糞肥。小蠓蟲鑽進花室，被棘刺組成的路障困住，身上沾滿花粉；到了第二天，棘刺釋放飛蟲，它們可能會再去拜訪其他愛琴海天南星，就此把花粉散播出去。我簡筆畫下從佛焰苞抽長而出、像魔杖一樣的黃色肉穗花序。

我蜿蜒向上，登上史畢利丘陵（**Spili Bumps**）。這是一處植物熱點，由青翠平原和石灰岩丘構成，以豐富多樣的鱗莖和蘭科植物聞名。我把車停在一間瑜伽隱修所旁，約有二十名學員正在山丘上動作劃一地彎腰搖擺；山丘周圍是鐵灰色的群山。距離車子不遠，我瞥見一叢野鳶尾花，興奮得差點跳起來：是蛇頭鳶尾（*Iris tuberosa*），羊皮紙般的花瓣呈水彩色調的藍、黑、黃色；旁邊還有克里特鳶尾（*Iris unguicularis* **subsp.** *cretensis*），夜空般的色彩，中心是蛋黃的顏色。我嘗試用相機記錄它們，但事實證明很難，因爲一邊會對上耀眼的陽光，另一邊則會對上瑜伽學員的屁股。我沿著一條連接青黃色原野和崎嶇灰土丘的道路駛出平原，駛向吉烏坎波斯高原（Gious Kampos plateau）。就在這裡，凱德羅斯山麓的陰影下，我駛進一片開滿血紅色多弗勒鬱金香（*Tulipa doerfleri*）的林間空地，花朵在風中上下擺頭。這種鬱金香在地球上其他地方都看不到——只在這裡，唯獨此處，在克里特島上這個小小角落，環繞於天空與銀帶似的山脈之下，它們生長成一片汪洋。

這眞是一個特別的地方。閃亮草海間的石灰岩小丘儼然生態豐富的水窪：粉紅金字塔狀的倒距蘭（*Anacamptis pyramidalis*）、覆盆子色波浪雲狀的義大利紅門蘭（*Orchis italica*）、淋了檸檬糖霜似的疏花紅門蘭（*Orchis pauciflora*），以及簇擁成群的鋸蠅蜂蘭，全都在成堆的白色地中海鹿草（*Tordylium apulum*）間爭搶一席之地。這座小丘的生物多樣性肯定不亞於同面積的雨林。

我走在野花叢和頹倒的遺跡間，恍如飄浮在夢中。我在坡上眺望這片蘭花王國，另一邊，矗立於石頭上、君臨一切的是這片小丘的王：一株孤獨的克里特蜂蘭（*Ophrys*

克里特蜂蘭，克里特島。

kotschyi subsp. *cretica*），絲絨黑色的唇瓣上，勾勒著醒目的銀白條紋，形成對比鮮明的幾何圖案。那圖案似乎別有深意，像是一個圖騰，或是腓尼基文的一個符號。眞是大自然令人心馳神往的一件傑作。我一直盯著它看，直到目光失焦，大腦再也維持不了色彩的恆定。我被催眠了。

賽普勒斯島

慵懶的蜜蜂如無人機一般在花叢間穿梭進出，粉色的花在風中閃動發光；灰色山丘披上鮮綠，蘭花遍野似海。四月的賽普勒斯島，像是從黎凡特大陸漂來的彗星，是浮於愛琴海上的植物仙境。你會在這裡找到我——就算能走遍全世界，今天我也只想待在這裡。

我坐在島嶼西北角下方，對著幾朶黃蜂蜂蘭沉思。開在路邊牧草地的長草間，毛茸茸的立體小花長得精確，使我看得入魔。一個乾瘦的老人慢悠悠走來，親切地喊我，打破了魔咒。他好奇我在看什麼，我把在這一小片綠地上發現的好幾種蘭花指給他看。他用希臘語說了些話，然後才意識到我聽不懂。

「土耳其?」他問。

「我來自英國。」

他盯著我瞧了瞧，像是在動物園看見珍禽異獸會有的眼神，然後放聲長笑，望向天空複誦「英國」兩字，棕褐色骨節分明的手捧著肚子。不一會兒，他才恢復嚴肅看向我說：「可是你有土耳其臉孔。」

「這個嘛……」

「你喜歡賽普勒斯。」他的口音濃重，拖長了母音用低沉的聲音說，同時點頭同意自己的話。

我說是的，我喜歡，並順手指向更多我發現的蘭花當作解釋。

「嗤!我們有比這些更好的!大的、粉紅色的、黃色的。這些?又小，又黑。」他揮了揮手，對這些花表示不屑一顧。

我們用邏輯不通的語句，和樂融融話了一會兒家常，聊到電力通訊、賽普勒斯的四季、英國的雨，還談了經濟——當然只是泛泛而談罷了，談話間夾雜陣陣笑聲。最後他大手一揮，下結論道：「反正世事就是這樣。」然後慢悠悠地重新爬上野徑，留下我對著棕色的小蘭花沉吟。

路邊有一座給人玩牌、喝酒，或讓無所事事的老頭子消磨午後的小棚屋，屋旁的無花果樹投落網格狀的陰影，我在屋裡吃過午餐，啓程向北前往阿卡馬斯（Akamas），克里特島荒涼的西岬。

＊＊＊

一棵無花果佝僂老樹的陰影下，水從岩壁滴流而下，匯聚成一池普魯士藍的氤氳水潭，名叫美神之池（Baths of Aphrodite），有一種動人心魄的美。傳說中，美神阿芙蘿黛蒂（Aphrodite）就是在此池畔遇見愛人——在打獵途中停下飲水的阿多尼斯（Adonis）。按照觀光小冊的說法，「美神之池能爲遊客的心靈注滿和緩的慰藉與寧靜」，但顯然不是今天。今天這裡盡是遊客，他們身穿白色牛仔褲、頭戴飛行員墨鏡，在池畔模仿美神之姿自拍；甚至有個遊客差點掉進池裡，細聲尖叫了一聲（我不該笑的）。我探查了一會兒水池周圍的植物，接著出發探索荒涼崎嶇的半島。

沙塵飛揚的鐵色山丘陡直落海，山坡散立奇形怪狀的松樹，樹在地面投下蛛網狀的影子。我輕輕踏過覆蓋地面的一層松針，腐朽的針葉使空氣瀰漫一股濃烈刺鼻、消毒水似的氣味。東一片西一片，仙客來形成羽毛球般的小湖，凹凸不平的石頭探出花叢，像是湖中的小島。坑坑窪窪的野徑下方幾公里處，上千道倒影隨著蔚藍海水搖曳晃蕩，在岩石上閃爍白光。野徑接著離開海邊，緩緩蜿蜒向上，進入貧瘠的荒野。

矮棘灌叢（**phrygana**，希臘語），是地中海東岸典型的植被型態，植株高度低矮，久經日照。炙陽下，茴香、百里香、迷迭香、鼠尾草，無數芳香草本植物的油脂一齊揮發，調和出醉人的香氣雞尾酒——這是屬於感官的贈禮。而在春天，冬雨後的短暫時期，這片肥沃的紅土傳來千種植物的低語，多到我簡直不知道該從何觀察起。我仔細對照羅伯特・梅克（**Robert Desmond Meikle**）厚重的《賽普勒斯植物誌》（*Flora of Cyprus*），一一辨認每種植物，這拖慢了我的速度。眼看二十分鐘過去，我才向前走了五步，我決定把時間優先留給島上獨有的、最特別的植物。

說到特別，就不得不提賽普勒斯鬱金香（*Tulipa cypria*），這種鱗莖植物據說極其罕見。然而，就在鏽紅色蛇徑旁幾公尺處、繁茂的灌木叢間，被我找到了一株：光滑帶褶的花瓣，正是櫻桃熟透的顏色。我小心翼翼不要踩到任何正待萌發的花苞，手腳並用爬過去近看——天啊，它可眞美。

下一株讓我感興趣的植物是舌蘭（*Serapias politisii*），它從小徑旁杏桃色石板間的紅土長出，美得就像阿芙蘿黛蒂。舌蘭是一種奇特的植物，其花朵向內摺成一個小管，模仿蜜蜂築巢時會尋找的安全縫隙。當蜜蜂扭動屁股鑽進又鑽出這些花管，也連帶當了一回花粉的信差。我在地中海沿岸其他地方見過小昆蟲躲在花中，不過這裡的花還沒有住客，只掛著一根幽靈蜘蛛細若無物的蛛絲。

遠望半島長而彎曲的背脊，岩石構成的脊骨往海的方向節節重複。沿岩脊兩側，卡其色山坡緩緩降向白色海岸線，積沙的小海灣與陡崖交織的海岸線，勾勒出空曠的藍海。俯瞰海岸的灌木叢裡，開滿鉻黃色的波斯毛茛（*Ranunculus asiaticus*），這是地中海東岸常見的一種植物，但不同地點開的花，往往有自己獨特的顏色組合，這裡的則以奶白和黃色占多數。我在腳邊瞥見雪羅馬風信子（*Bellevalia nivalis*）冰霜色的花穗，悄悄在光禿的紅土上伸展開來，高度不及我一根食指，遠不如毛茛花顯眼。就在下方幾公尺處的一道石縫，則冒出它們較爲高大的近親：三葉羅馬風信子（*Bellevalia trifoliata*），花穗有我的前臂那麼長，花朵呈不對稱排列，頂端是大海顏色的花蕾。這些花共同暗示了，在這座島上的每個角落，都蘊藏豐富的植物寶藏。

我們整個上午都在畫畫，將植物收存紙上；午餐後，我們騎馬前往拉帕西斯（Lapasis）修道院，古老歌德式建築在此留下完好遺跡……太陽威力萬鈞，微風絲毫未能消減陽光之熱烈……我們走進拉帕西斯修道院作客，修道院所在處美麗而幽靜，周圍環繞玉米田和葡萄園。一棵大樹為院落遮蔭，幾條潺潺小溪使樹葉長保新綠，也滋潤此浪漫之地。

錫布索普，一七九四年。[18]

＊＊＊

「活在植物體內的植物」——不覺得聽起來很奇怪嗎？總之我是這麼覺得。這類生物被稱爲「內寄生物」（**endoparasites**），植物界裡只有四種這樣的例子，而此刻我就跪在其中一種旁邊，是奇特的簇花草屬（***Cytinus***）。它渾身鱗片，看上去像用來包艾登起司的蠟紙；植株上滿是螞蟻，大概是被花朵散發的淡淡酵母味和醋味吸引來的。奇異而迷人的是，這種植物終其一生都寄生在另一株植物的組織內，像我面前的就寄宿在岩薔薇上，只短暫冒出頭來開花結籽。生命的大部分時間裡，簇花草都以用顯微鏡才看得見的細絲網絡形態存在，伸出「沉錘」（**sinker**，即類似一般根的構造）吸收水分和養分。在從自給自足的生存方式演化成現今模樣的過程中，像簇花草這樣的植物失去了運行光合作用的基因；更令人感到不可思議的是，它們獲得了新的基因：透過所謂的「基因水平轉移」（**horizontal gene transfers**，即分子生物學界說的**HGTs**），也就是在無交配情況下也能發生基因交換的罕見現象。此外，不只是**DNA**，病毒、蛋白質和**RNA**（攜帶**DNA**的指令，有信差的功能）也都會在寄生植物和宿主之間移動。這一類植物是演化上的一大謎團，且其規模在世界上其他地方已經大到驚人的程度——但我們留待別章再談。

跋涉通過這裡，在最窄的地方感覺有點像在洞穴探險——也許還沒到那麼慘，不過我向來寧可爬高也好過身處幽閉空間。我側身擠進高聳冰冷的岩壁之間，溼石膏色的岩石表面像月球一樣傷痕累累。我抬起頭，瞇眼望向頭上幾公尺外熾亮的銀色天空。流經峽谷的一條小溪，繞過山徑兩側，分流成乳藍色的小水潭。再往深處走，潔白的岩石已被侵蝕成岩柱；蕨類向著潮溼處湧生，樹木伸出利爪似的根攀住崖腳，枝幹曲折展向天空——有一種寧靜、幽隱的美。

愈走愈深，涓流的小溪取代山徑，我的雙腳浸溼，又冷又沉重。這些卻都是好兆頭，因爲我要找的植物就叫水天南星（***Arum hygrophilum***）。往溪谷內又鑽了幾公里後，我踩著水花，走向樹影扶疏的河岸，有一株就長在灰褐色的光滑岩石之間。它的佛焰苞綠中帶白，是一種柔和曖昧的顏色，邊緣還鑲了圈黑巧克力色。每一片佛焰苞都裹著一根相襯的深棕色纖細肉穗，整體有一種不做作的美，有點像花店的海芋，只不過是更低調、更不張揚的版本。這可能是我見過最美的天南星。

＊＊＊

「危險，嚴禁入內。」還沒下車就看見告示牌，不過我早司空見慣，最奇異的植物往往長在別人不希望你窺探的地方。話雖如此，眼前的告示牌還印有「英國軍隊」，看上去格外有官威，或許還是不要亂闖比較明智。我改道南下，前往南海岸的阿克羅提利半島（**Akrotiri Peninsula**），尋找罕見的賽普勒斯蜂蘭（*Ophrys kotschyi*）。

這一帶的土地大多歸英國皇家空軍所有，屬於管制區，但仍有少數我能走進的的空地。這片半島是與本島相連的沙洲，半沒入海裡，連著大片潟湖和沼地，風景迷人。橄欖綠顏色的灌木叢生長茂盛，與白沙徑交織在一起，不過蚊子也很猖獗（告示牌指的危險會不會是這個？），我才一下車，它們就向我襲來，而且速度飛快，我根本來不及驅趕。我站在那裡踢腿、甩手、搖頭晃腦，像中邪一樣跳來跳去，直到我的掌心沾滿斑斑鮮血和扁掉的蟲屍。有個灰鬍子牧羊人和他的羊群在幾公尺外看好戲，羊兒全都盯著我瞧。我向他點頭示意，互道了一聲「**yassou**」（你好）後，隨卽遁入樹叢，暗想他是怎麼抵擋蚊蟲的呢？我的策略是速戰速決：我環顧灌木叢生的石灘，目光在一株植物停留不超過十秒，不給蚊蟲機會停在我身上。二十分鐘後，我找到了目標：一株傲然挺立的賽普勒斯蜂蘭。奇怪的是，它看起來好像在笑。我也回以微笑，輕撫兩下花瓣，旋卽拔腿跑回車上。等我去到當地藥局，身上的蚊蟲咬傷已經多到讓店員嚇得倒抽一口氣。

＊＊＊

有一瞬間，我看見自己：兩條腿和兩條手臂大大張開，像海星一樣黏附在峭壁上；下方幾公里外，路邊那輛馬車上的人肯定也是這樣看我的。我爬到這上面來，是爲了觀察生長在特羅多斯山區（Troodos Mountains）岩間的植物。馬車在我正下方的路上停了下來，車上的人全站起來往上看——這種事偶爾也會發生。吸引我的是紫花南芥（***Arabis purpurea***）開成的棉花糖雲，粉紫色的花朵像是花圈，繞生在岩石周圍；花瓣是蘋果花的顏色，每一片都有細緻的櫻桃色脈紋。我用手指捏起一片翻看背面，我能想像自己如何用水彩細細勾勒它的細節，比如要選哪枝畫筆、要用哪些顏色。

馬車滾著輪子走了，山又再度歸於我。我向下跳回溫熱的柏油路面，漫步在路上，戳探路邊生長的植物。希臘漿果鵑（***Arbutus andrachne***）從茂密的植被叢中斜伸出來，背後層疊的山巒峰口向上沒入紛飛的卷雲間。一朵裸男蘭（***Orchis italica***）開在漿果鵑的網影裡，我噗哧一笑，這些帶鬚的粉色花朵，輪廓完全就像長翅膀的小精靈，笑臉盈盈、頭戴呢帽，挺著小小的……（別問我，線索就在名字裡！）。裸男蘭比較優雅的近親——特羅

賽普勒斯蜂蘭，賽普勒斯島。

多斯紅門蘭（*Orchis troodi*）也生長在這裡，我在路後方的土堆上發現一簇。相對於細瘦的莖，它們的花似乎太大了，有如飛翔的紅鶴。

我回到車上，對照一位當地生態學者好心畫給我的地圖，上面標示出我的下一個目標。「不容易呀。」當時他搖著頭說。

＊＊＊

我探出懸崖邊緣往下看，崖壁夾帶著碎石一路滾入酒瓶綠色的帕弗斯森林（**Paphos Forest**）深處。異常柔和的金黃陽光逐漸爬上樹梢，片片泡泡糖粉色的百里香（***Thymus integer***）散落在腳邊的石頭間。我的視線內有兩叢岩生天南星（***Arum rupicola***），大概在我下方八公尺處。我開了幾個鐘頭的車才來到這片偏遠的森林，我非看到它們不可——但生態學者說得對：不容易呀。我環顧了一會兒坡壁，沒看出可行的路線。沒有路，樹也稀疏，沒東西抓。我下得去嗎？冒險嘗試似乎莽撞。在野地探勘了一整天，我真的累了，我在腦中衡量：罕有機會得見的植物，對上扭到腳踝、割傷、拉傷、斷腿、潛在醫療保險索賠……是的，可想而知，權衡利弊後，我做了正確的決定。

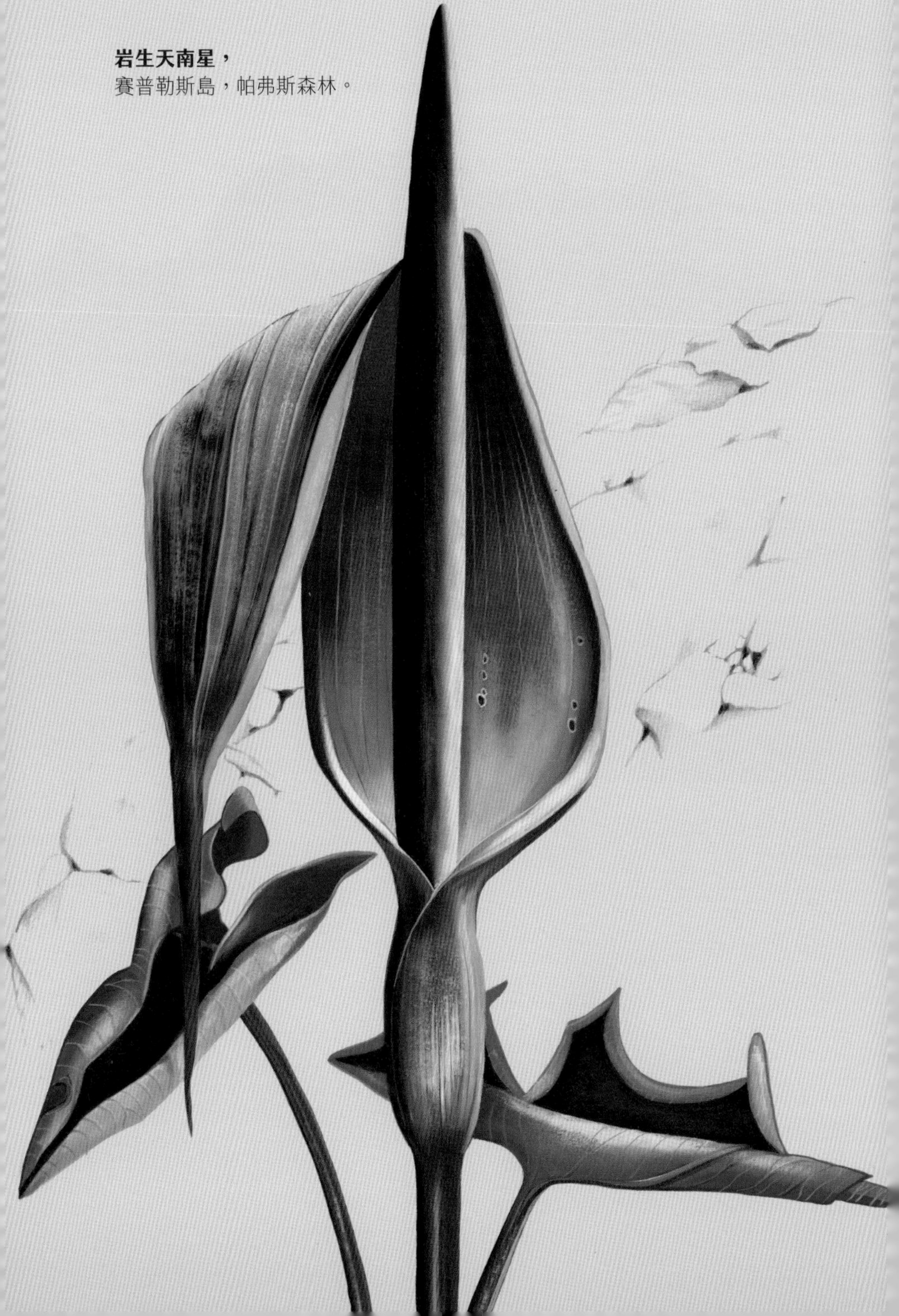

岩生天南星，
賽普勒斯島，帕弗斯森林。

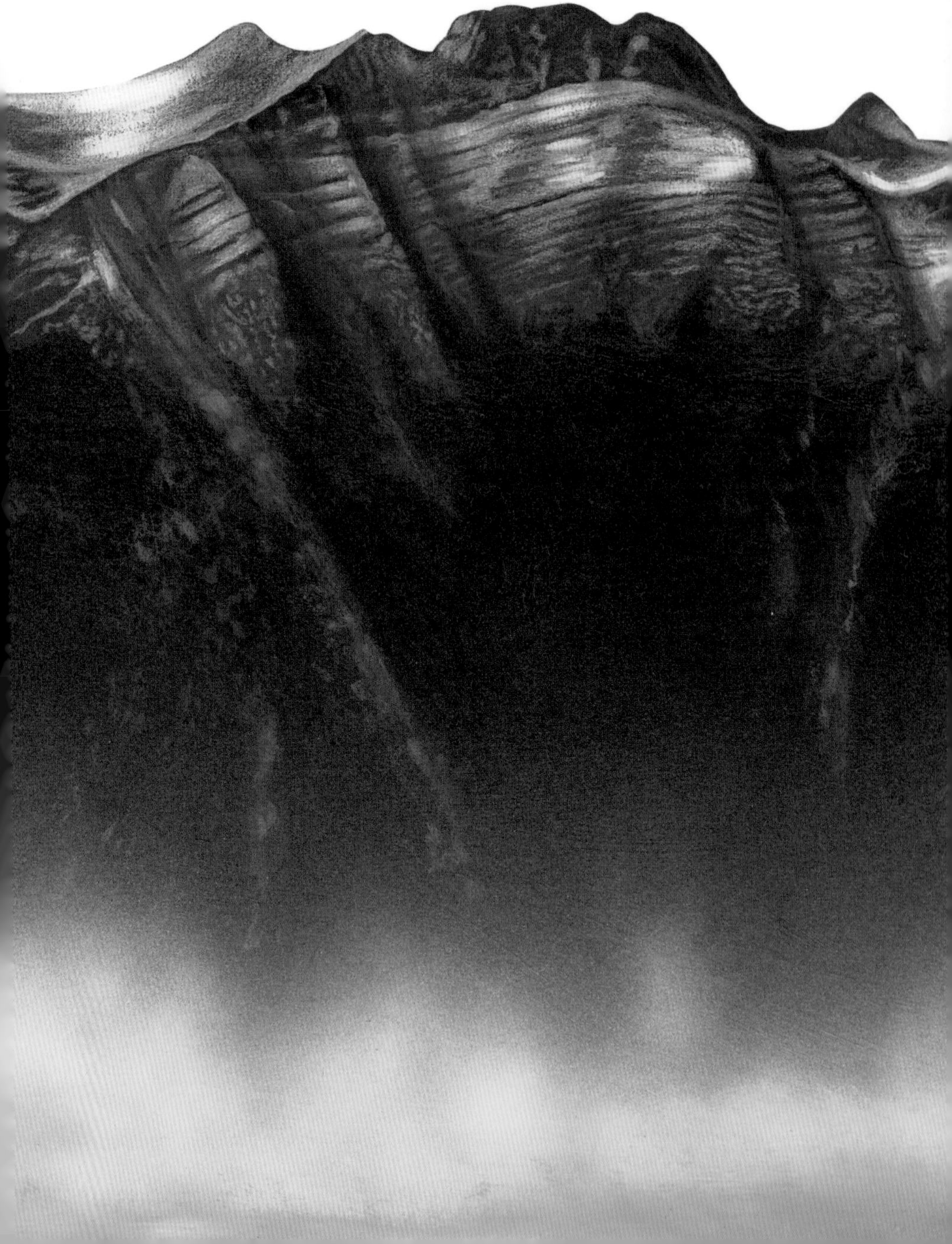

我下去了。

要命，這是一個錯誤的決定。伴隨一聲雷響和嘶鳴，大地拖著我動了起來，正在利用繩索垂降的我驚恐萬分。碎石在我身下翻騰，出於本能，我夾緊小腿，蜷起身體。一切發生得很快，岩崩減弱，我被沖到原定位置以南幾公尺的地方，算是幸運逃過一劫。我冷靜下來，看了看往上要怎麼回去，然後手腳並用，小心翼翼往上爬，沿路又引發三次小坍方。我趴在地上，臉頰貼著石頭，抬眼看我的戰利品：旗幟般的佛焰苞，盛開到恰好露出手指粗的長穗。夕照下，它們一閃一閃的，彷彿由內被照亮，紅豔發光，看得我目瞪口呆——看來我終究做了對的決定。我爬回牢靠的陸地，渾身擦傷和血跡。離開前，昏昏欲睡的帕弗斯森林已被夕色照得一片金銅。我坐下來看了一會。

＊＊＊

最後一天。我在這裡還有一種植物要看。我著了魔似地大步穿越荊棘草叢，因爲只剩兩個小時就得到機場辦理登機，我沒空分心。但四月的賽普勒斯島堪稱愛琴海的植物仙境，要不分心很難，隨意一停就有十來種東西可看，儘管我沒那個時間。

迪氏天南星（*Arum dioscoridis*），
賽普勒斯島。

傾斜的山坡領我走下溪谷。往機場的路上還踩在水裡，並不是一趟旅程的好結尾，但我不得不這麼做。彎腰鑽過樹枝，我拔掉卡進頭髮的細枝，挑掉襪子裡的草刺。好像看到了。我加快腳步。

在那裡！才剛盛開，數一數有六株，綠色佛焰苞上遍灑酒紅色斑點，隱隱有股不好聞的氣味，像功率五十瓦特的龍芋加上些許糞肥——但，噢，它們可真漂亮，如此奇特卻美麗。絲緞光澤向光線借了藍色，嚮往自由的花穗像一窩剛孵化的毒蛇到處昂首吐信，彷彿隨時可能飛射出來。只以美形容還不夠，它們太完美了。我跟個瘋子一樣，大大咧開嘴巴，笑得合不攏嘴。

現在愛琴海的每一種天南星我都看到了。而我腦中嘮嘮叨叨，喜歡從細節獲得安全感，樂於使一切井然有序、定義清楚、分類清晰、沒有鬆散脫序之處的聲音呢？總算安靜下來了。

我上岸調查植物……石榴閃耀鮮紅光澤，點綴灌木叢間；美洲葡萄（*Vitis Labrusca*）攀越小溪，為空氣薰染上最芬芳的香氣。柑橘和檸檬長得茂盛狂野……

散步歸來，我心滿意足，滿載奇特的植物而歸。

錫布索普，一七八七年。[19]

IV

行經聖地

中東

Ⅳ
行經聖地

中東

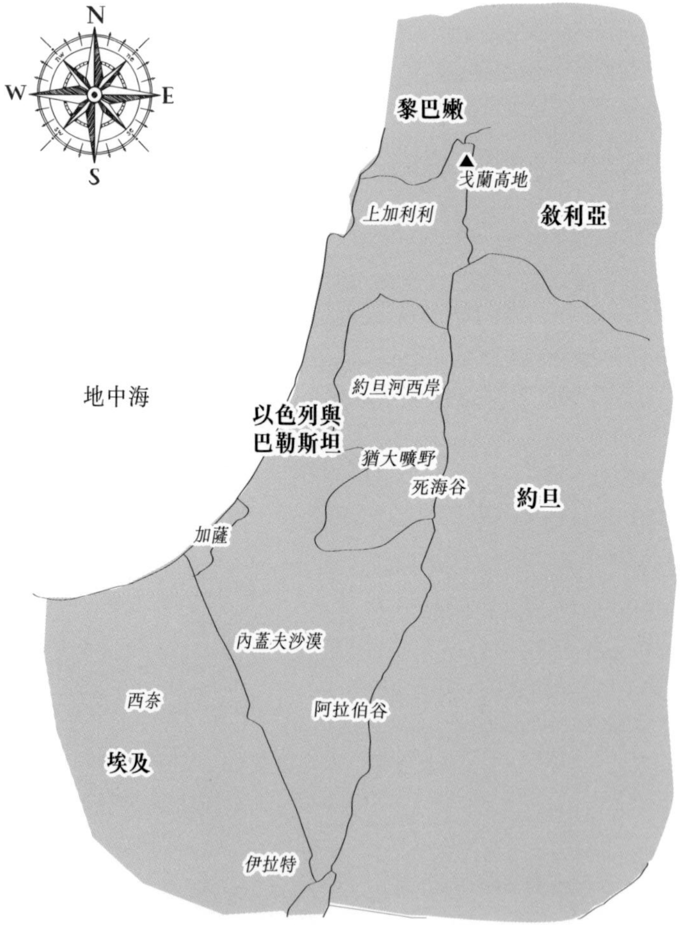
N
W
E
S
黎巴嫩
戈蘭高地
上加利利
敘利亞
約旦河西岸
地中海
以色列與
巴勒斯坦
猶大曠野
死海谷
約旦
加薩
內蓋夫沙漠
西奈
阿拉伯谷
埃及
伊拉特

登上戈蘭高地的山頂，我們找到了此行的目標。

我第一次去，是爲了鳶尾屬植物，那指引我去向中東的極星。花卉向來令我著迷，花朵的幾何結構就是討人喜歡，不是嗎？兩層三重花瓣，倒影般一片在上、一片在下。分類上稱爲「假種皮鳶尾節」（**Oncocyclus irises**）的鳶尾花會開出異常美麗的大花朵，全世界的園藝愛好者應該都不陌生，而它的原生地就在中東。能看到它們在山脈、平原和沙漠野地中生長喧嚷，那景象光想到就令人神往。

說到植物的棲地，很容易只想到綠意盎然之處而忽略沙漠。中東給人的印象是塵土飛揚的平原、荒瘠的山地、了無生氣的連綿沙丘，甚至上網搜尋圖片，看到的也都是這些。

猶大**曠野**、海岸**平原**、**死**海谷地。這些字詞很難讓人聯想到植物的生命，對吧？聽起來更像是陽光焦灼的不毛之地，是被遺忘在烈日下炙烤、龜裂，終至消失的地方。

肥沃月彎，聽起來有希望多了。新石器時代最早馴化的農作物的發源地，文明的搖籃，先民第一次開闢農田、馴化作物的地方，全世界作物野生近緣種（wild crop relatives）的中心。

板塊碰撞帶。聽上去很暴力，但卻是很重要的一點：山脈綿延連接至海岸平原、山谷和沙漠，再加上四面八方的氣候因素影響，才使得中東的植物相發展成現在的樣貌。

物種豐富度奇高的區域。我們就從這點說起吧。這片土地在短短幾週的春天裡百花爭鳴：血紅的鬱金香妝點著猶大曠野，粉色和白色的繡球蔥如星星灑落於海岸平原，耶利哥苞葉菊（*Pallenis hierochuntica*）爲死海谷地吹送生息。

幾年前，我獲得經費贊助，陪同以色列植物學者前往採查並採集管花肉蓯蓉（*Cistanche tubulosa*）樣本。這種植物與列當有遠親關係，可以想像成最高最壯的列當再長大兩、三倍，高及膝蓋，然後把它剪下並貼上在沙漠深處，那就是管花肉蓯蓉。我們的工作就是設法認識這種獨特寄生植物的生物機制，包括它的演化親緣關係、分類方式、分布範圍。這件差事讓我走進深谷、攀登山區、進入沙漠，尋覓管花肉蓯蓉、鬱金香、繡球蔥和鳶尾花的蹤影；其中，鳶尾花比你所能想像的更加美得穿心。

我甘願付出一切代價一睹完美的野鳶尾花（wild iris）。付出什麼都行。

上加利利

「正念覺察」，意思是全心全意關注於此刻周圍的世界，有助於使心情平靜。至少我是這樣讀到的。說起來，這不就是現在的我嗎？我坐在上加利利一處層疊的岩石上，清晰意識到周圍的世界。是的，我覺察到腳下橘棕色的道路沿溪流蜿蜒，繞行在絲滑翠綠的山間；山坡上鋪覆羊道，像網子也像葉脈；然後是野花——數以百萬計的野花——有如一灘灘陽光。正念顯然也能增進我們與自然的連結，這對人的心理健康也有好處。我的心理健康上一刻才急遽提升，因爲我誤打誤撞遇見全世界最美麗的鳶尾花，此刻我正靜靜坐在它身邊。

拿撒勒鳶尾（***Iris bismarckiana***）挑戰我們對自然之美的認知，顛覆自然之美帶給我們的感受。它讓你納悶，人類幾百年來何必多此一舉：栽培、混種、插花裝飾，如此種種，樂此不疲，明明這種野鳶尾花自帶一股渾然天成的美，遠勝所有的人爲培育：三片白色旗瓣向上彎出弧度，像是要抓取天空的藍；瓣上每一根細如游絲的花脈，都像用鉛筆勾勒至完美；旗瓣下方展開的香檳色中，閃著淡淡槍灰色，那是三片垂瓣，其花紋更是畫龍點睛——錯綜紛亂的圓點和十字散落，彷彿裹了層極細的鐵絲網。

「克里斯！這裡有更多，克里斯！」尤瓦在下方的岩脊大喊。尤瓦・薩皮爾（**Yuval Sapir**）是中東鳶尾屬植物首屈一指的專家，他帶我來到他的這片小小天堂。灰岩階上星星點點開著小黃花，我翻爬下去看，黃雲般的白芥子花（*Sinapis alba*）、灰色的圓頂山丘和藍色的天空如畫框一般，框起五朵美不可言、身姿挺拔的鳶尾花；花上的三重對稱重複了五次，比我見過的一切還要美上十五倍。

下抵步道後，我發現一小畝扇唇倒距蘭（*Anacamptis collina*），這種花有堅毅的小臉，手伸得老高。它的上方屹立著一叢裂葉糙蘇（*Phlomoides laciniata*），這種長相自信的香草植物，有脫脂棉球般胖胖的花穗，薄荷似的花朵從中探頭窺看；用它煎煮的藥湯，在中東各地被用來治療多種疾病，此刻在我眼前的說不定正是上加利利地區古代農作栽培的遺跡。再往前走了一段，我蹲下來查看毛粉紅亞麻（*Linum pubescens*）人工合成色調

拿撒勒鳶尾，上加利利。

似的粉紅花朵，它們就像長在地上的寶石。上方，一排排白色的多明尼加鼠尾草（*Salvia dominica*）的花朵熱切盛放，飄向雲霄。這個地方的植物豐富到讓人眼花，我感覺腦袋嗡嗡作響。

「心滿」（fullness of mind）是不是「正念」（mindfulness）的顛倒？正念講究專注於當下，心滿聽起來則像心緒滿到快要炸裂，心就要被吞沒。回想起來，也許比起正念，我更喜歡心滿的狀態。

戈蘭高地

「別去那裡，克里斯。地雷！」尤瓦在道路上大喊。

我慢慢後退三步。「好，所以走這裡？」我揚起下巴指指左方問。

「對。」他回答。於是我向左走。

山坡岩石嶙峋，眺望著遠方銀光靜寂的加利利海。圓丘上灑滿血紅的歐洲銀蓮花（*Anemone coronaria*）與凋萎後骨瘦如柴的多枝阿福花。這片土地自有一股沉靜，彷彿為世人遺忘，已由大自然悄悄收回。

大阿魏冒出岩縫，向天空彎彎曲曲伸出莖，粗細高度如一棵小樹，就像電線桿一樣結實。我向來很喜歡它們，和經常被用於烹飪的近親大茴香相比，它顯得更高大優美。十多株像十二使徒似的靜立在山坡上，同時，尚未長出花莖的幼株樣本構成一片酒瓶綠色、毛茸茸的綠洲，其中間雜著乾枯殘梗。

周圍的矮灌木叢粗糙多刺。這裡最刺的植物是風滾薊（*Gundelia tournefortii*），這個近似薊花的巨大生物有著乳白色的葉脈，駭人的棘刺在岩石上大大張開，看上去活像攀附岩壁的棘冠海星。尤瓦告訴我，當地人會採食這種植物的嫩莖、嫩葉和花苞——看看這植物的外型，這還真神奇。與風滾薊聯手的還有另一種裝甲精良的植物：敘利亞老鼠簕（*Acanthus syriacus*），它在較多雨的氣候帶被當作庭園植物，能長得綠葉繁茂，但在這裡，帶刺的葉子緊貼地面，令濃紫色和奶黃色的錐形花朵看上去大得不成比例。

令人格外興奮的發現是埃及癌草（*Kickxia aegyptiaca*），一種我以前沒遇過的植物，莖和葉都長了灰毛，摸起來粉粉的，像沾過麵粉。鋸齒狀莖的一側排列著奶油色、指甲大小的花朵，形狀像金魚草（這種植物的遠親）；但從我這個角度看去，與其說像龍，不如說更像皺著眉頭的迷你法國鬥牛犬，只差多了條彎彎的長尾巴。

我們在山坡頂找到了此行的目的：黑鳶尾（*Iris atrofusca*）。

一朵花的美，決定於她的色彩、紋理、光澤，對吧？去掉光、去掉色澤，剩下的只有黑暗、空洞、陰影——正因如此，黑鳶尾還能保持這般美貌，著實令人讚嘆。她就像襯著草綠色紗網拍下的一張底片，因爲過度曝光、因爲我無法移開視線，而在我眼底留下殘像。多麼顚覆概念。我的相機閃光燈爲這個均衡的景象帶來光線，在漆黑暗影中照出了紫色和灰色紋理，像揉皺的絨布；但花瓣基部的花心依然漆黑，周圍浮現蛛網似的細小斑點和脈紋，和拿撒勒鳶尾很像，只不過噴上了黑漆，看上去肅穆莊嚴、超凡脫俗。

黑鳶尾，戈蘭高地。

＊＊＊

我們在路邊停車。手機地圖告訴我，前方就是一九四九年以色列與敍利亞的停戰協議線。蔥翠的岩丘上散落廢棄的鏽橘鐵道和一捲捲鐵絲網，細草在微風中閃閃發光。鐵絲網間探出尖尖的葉刃，是一種罕見的狐尾木犀草（*Reseda alopecuros*），比曾被廣泛用作黃色染料的同科近親黃木犀草（*Reseda luteola*）來得矮胖健壯。

發現一株在地面蔓生的博塔氏馬兜鈴（*Aristolochia bottae*）讓我興奮不已。狀似水罐的管狀花朵，有焦糖色喇叭狀唇瓣，花瓣上有可樂色的斑點和大理石紋。它們靠蒼蠅傳播花粉，飄散著濃烈腐肉味。幾公尺外，一株吸睛的大果黃耆（*Astragalus macrocarpus*）跨立於鐵道上，結了一堆毛毛的蛋形果實，長葉片隨著看不見的氣流向上飄動。

我們在拿撒勒（**Nazareth**）停留片刻，去看另一個與地名同名的鳶尾群落。傍晚時分，長長的車龍在夕陽下閃爍微光，我們也加入其中。我問尤瓦，爲什麼駕駛全都在按喇叭，看起來如此不耐煩，他告訴我：「克里斯，這裡是中東，我們按喇叭只是在打招呼。」語畢，他也用力按響喇叭，發出長長的轟鳴，其他車輛的駕駛絲毫不以爲意。

我們把城市一側的陡坡細搜了一遍，從山坡上能遠望這片灰絲帶般的土地連綿反覆，直至消失於無形。我們在這裡發現的拿撒勒鳶尾，比起今早看到的，垂瓣上多了點芥末黃色調，在夕陽映照下金黃如火炬；迎風飛揚的旗瓣，看上去像是有人在山坡上扔了一地面紙。幾個面露不悅的年輕人緩緩走來，顯然很介意我們打擾或採摘植物。尤瓦說明我們是科學家，沒有惡意，他們聽了才幽幽走開。在複雜交錯的多刺地榆（***Sarcopoterium spinosum***）之間，我注意到節莖茜草（***Cruciata articulata***）纖細的綠莖，末端向上彎起，像有看不見的絲線拉扯著。它們的葉狀苞片線條對稱可愛，彷彿一串串小愛心灑落於大地。

猶大曠野

今天，我和耶路撒斯冷植物園的科學主任奧利・弗拉格曼—薩皮爾（**Ori Fragman-Sapir**）前往以色列南部考察。奧利是我的好朋友，也同樣是植物愛好者，他一定會成爲此行的最佳同伴。天空蔚藍無垠，坐在他的四輪傳動車上，我們一面交換故事，分享在世界各地見到的植物，一面往南向阿拉德（Arad）疾馳。我們在一片岩地停下車，空地周圍是枯骨似的蒼白灌木，達・本—納棠（Dar Ben-Natan）已經在一旁等我們了。達是一位青年植物學者，但對於這地方哪裡能找到植物，他早爛熟於胸，以色列諸沙漠還沒有他找不到的植物。我們往自己身上層層裹滿布料和防晒乳，抵禦熾烈的陽光，隨即動身鑽進嶙峋的峽谷。

我們此行是爲了對猶大曠野進行植物調查。這個地區每到冬季月分，降雨量便異常升高，雨水澆醒岩石縫間的生命。今年春天，達才在這裡發現十四年未開花的石蒜科植物又盛開了。在我們眼前蜿蜒展開的峽谷迂迴曲折，兩旁棕色的山壁皺得像是包裝紙。我伸手撫過疙瘩不平的岩層，岩石散發暖意，彷彿有什麼地質作用正在岩面底下騷動，岩石像是有了生命——其實眞的有：岩面上縱橫交錯的裂縫和罅隙，閃動綠色、黃色和白色，那些是小小的沙漠一年生植物——岩石上生長著一層光澤鮮活的花朵。

奧利機關槍似地連環念出植物的名字，我在筆記本上全部記下來。其中有不少我已經認識，但我仍禮貌點頭，或跟著點名我熟悉的幾種植物，他聽了也點點頭，跳過那幾種不再複述。我無意間發現的第一種值得注意的植物，是遍地蔓生的一片睡茄（*Withania somnifera*），有時又稱印度人參，灰綠色的葉子長得其貌不揚，遮掩住不起眼的小黃花。也許它不是最醒目的植物，但從很久以前就已備受重視，因爲人們發現它具有舒緩壓力的功效，並將其廣泛用作麻醉劑和鎮靜劑。睡茄的阿拉伯語是「saykaran」，據信源自原始閃語（Proto-Semitic），意思是「醉人的」和「酣醉的」，間接提示了這種植物催眠的特性，[20]顯然就連古埃及人也了解這種植物的效用。我還讀到在中東地區，碾碎的睡茄葉曾經被當作藥膏，用來敷治曬傷的皮膚。我在心裡思忖著這件事，因爲我的後頸正被中午毒辣的陽光炙烤。

達在前面喊我們過去看從岩洞長出的黑蔥（*Allium aschersonianum*），它的莖筆直得像一根矛，絲絨粉色的小星星花朵在頂端簇生成一顆蓬蓬彩球。不到一公尺外，有一株紅豔怵目的荒漠鬱金香（*Tulipa systola*），在乾涸的棕褐岩石襯托下，鬱金香的粉色和紅色看上去簡直像是人工合成的。我小心翼翼走下石崖，踏上沙質的溪床。溪床上密生著一片漿果木樨（*Ochradenus baccatus*），這是沙漠常見的一種亞灌木，尖頭朝天的錐狀黃花點綴其中。長尾草叢旁，挺立著一株稀有種的沙漠耶路撒冷糙蘇（*Phlomis platystegia*），一簇簇檸檬黃色的花朵，好像正皺著眉的小權杖頭。陽光往每一片葉子和每一朵花投下鋸齒狀陰影，為所有花葉勾勒出高解析度的輪廓。想想可眞奇怪，「沙漠」給人空洞、虛無的聯想，但在這座悶熱的溪谷才待上兩個小時、前進不到三十公尺，我們已經看到這麼多型態的生命。我眞恨不得帶了大一點的筆記本來。

往死海谷的路上，我們停下來觀察另一株長在小塊荒地上的石蒜。荒地，聽起來不像有望找到植物的地方，對嗎？在世界的這個角落卻可以，想不到吧。冬季降雨的騷亂過後，喚醒了各種意想不到的植物。這讓我想起退潮後去找海洋生物的回憶：你永遠猜不到可能會出現什麼。

地面像餅乾般鬆脆，我們分散開來，目光盯著地上，沿路指出各種各樣的一年生植物。有節假木賊（***Anabasis articulata***）汁肥肉厚又多節的莖，錯綜交織，沙子堆積其間，形成複雜的植絨土堆，有些晒得發白，宛如珊瑚。我們在土堆間找到目標：魯提蔥（***Allium rothii***），它長得果眞奇特，莖的粗細和高度都像一枝鉛筆，花則是李子一樣的藍紫色；小小的星星狀花朵在莖頂擠成一球，每一朵的花瓣都像烘焙紙漂染上紫紅色，閃亮的黑色心皮和雄蕊盤踞中央，整體的視覺效果就像一大球光澤閃耀的甲蟲在蠕動。黑色的花眞的自有其獨特的美。

猶大曠野一路經過蜂蜜金色的層疊石階地形後斜進死海谷。泥岩山丘上草木不生，襯著清澄的藍天，看上去赤裸到彷彿見骨，別具一種美感。如果從上方俯瞰，這片土地會像一張揉皺的牛皮紙。我們蜿蜒向南，往一座名叫納哈札哈夫（**Nahal Zahav**）的皺谷前進——那裡是一座乾谷，冬天雨水會在此聚集形成綠洲。除了道路以外，該地未受文明染指，一連數十公里，我們都沒見到房屋。奧利把車開出道路，駛上一片平坦的岩地，我們魚貫下車，伸手遮擋眩目的陽光，堅定地走進起伏的泥岩沙漠。奧利、達和我同樣熱愛沙漠花卉，如今我們的興奮匯聚在一起，簡直像電光四射。我和達一馬當先衝了出去，奧利則邁著沉穩的步伐跟在後頭。我們三人一起記錄下幾十種有趣的植物。

我們頭頂的山坡上，稀疏林立幾棵卡其色的捲豆金合歡樹（***Acacia raddiana***）。熱氣蒸騰下，金合歡舉著層層遞升的枝椏，遠遠望去如在水中。我們腳邊，水窪把大地推升或擠裂出羊皮紙顏色的三角碎塊，每一塊都平滑如絲。

眼前的植被大多數只能維持短短幾週。法托羅夫斯基菊（*Aaronsohnia factorovski*）從石縫中蔓生開來，頂著金色小光環似的花朵，看上去快樂無比。有些一年生植物，例如西班牙番杏（*Aizoon hispanicum*），小到能安安穩穩放在我的指尖。在這些較常見的一年生植物間，我們發現一枚稀有的寶石：一株沙漠黃耆（*Astragalus intercedens*），豌豆似的淡白色花朵指向天空。白石礫堆上垂掛著預言黃瓜（*Cucumis prophetarum*）凋萎的藤蔓，葉子多已枯化成灰，但帶刺的果實還在成熟；果實的大小像檸檬，顏色和條紋則像西瓜，與西瓜也確有親緣關係。我們還在附近發現幾株健壯的管花肉蓯蓉（後面會介紹更多），鳳梨黃色的花穗有力地破土而出。我們停下腳步，拍照記錄這不可小覷的奇景。有那麼一瞬間，我抽離自己、試著用旁人的眼光看著我們：三個大男人蹲在沙漠裡，相機指著東南西北各拍各的——人總該懂得適時自嘲，你說是吧？

回阿拉德的路上，我們在貝都因人城鎮庫塞夫（Kuseife）北邊一處沙漠平原稍事停留。這裡遍布石頭的草根土上，挺立著一群黑鳶尾，在向晚柔和的夕照下，像黑色塔夫綢一樣閃動柔光。黑鳶尾之間有一株顏色較淡的形影，花瓣是含混不明的白，瘀血般暈染著紫色和赭色。黑白鳶尾並立，儼然一場花的美麗分裂。路的另一側，多株一米高的波斯貝母（*Fritillaria persica*）小森林似的在草叢間站哨，灰色的葉子和黝黑的花朵披覆一層蠟質的白粉衣。和方才路對面的鳶尾花一樣，波斯貝母之間也有一株淡色的變種，淺黃褐色花朵掃上微乎其微的紅，燈籠似的向下垂掛。波斯貝母下層，我們看到一簇象牙白的以色列蔥（*Allium israeliticum*），推開地上的殘株冒出；一旁是一株生氣蓬勃的高山黃耆（*Astragalus aleppicus*），舒展開層層疊疊的葉子，樣子就像一棵迷你黎巴嫩雪松（cedar）樹；當中最美的也許還屬深紫唐菖蒲（*Gladiolus atroviolaceus*），鳥形的花朵依附著堅韌瘦長的莖，花的顏色如同清朗夜空。

＊＊＊

回到特拉維夫，我與艾利朗一起喝啤酒閒聊。我借宿在他家，蜜色的陽光透過敞開的落地窗注入他的公寓。我給他看今天用手機拍的植物。我猜他僅對黑鳶尾略感興趣。他盯著我的手機螢幕，喃喃念著「Sababa」，是阿拉伯語「很酷」的意思。他換了個話題聊起電影製作。我的思緒不覺間飄向鳶尾花和波斯貝母那賞心悅目的對稱性和幾何形狀。我假裝在聽他說話，實則在心中清點今天見到的植物。十四、十五……只見艾利朗直勾勾看著我，翹著二郎腿，左腳上的灰拖鞋輕輕打著節拍。我意識到他剛才問了我問題——好像說到音樂吧。我隨口編了個回答，正想伸手拿起桌上的啤酒瓶時，我注意到凍結在玻璃桌面底下的，是一幅用士兵和槍械照片拼貼成的畫。

我搭計程車前往雅法（Jaffa）古城，與奧利共進晚餐。計程車司機很健談，而且喜歡看著我的眼睛說話，讓這趟車程趣味橫生。抵達後，奧利與太太薇瑞德領我參觀他們家。屋內就像一座寶庫，收藏了奧利到世界各地探察植物帶回的古董與珍品。他一一細數這些文物及其來歷，就和介紹植物沒兩樣。他的陽臺四處倒伏著從小陶盆裡逃出來的多肉植物。

我們離開公寓，到街上散步。橘黃街燈照亮鋪路石，街上滿是喧嚷行人，嬉皮男女隔著藍色的大麻煙霧熱烈交談。整座城通了電似的，感覺氣氛激昂。奧利和薇瑞德招待我享用撒上鷹嘴豆、淋上橄欖油、奶香綿密的燉豆糊（masabacha），茄子餡的皮塔餅，以及各種沾醬的沙拉，還有一道用花椰菜做的料理，美味到從此改變我對這種蔬菜的印象。

約旦河西岸

沙漠光裸，皓白如雪，看著眼睛都痛了起來。灰白的沙丘溢出阿巴阿馬耶公路（**Al Bah Al Mayet**）兩側，一直延伸到放眼所及的盡頭。這片蒼白荒蕪的風景，乍看異常像是北極，一個毫無生機的地方——但不是。前往名爲「艾因阿布馬木德」（**Ayn Abu Mahmud**，我的地圖寫的）的沙漠湧泉路上，我坐在車裡，一道黃色電光赫然閃過，擄獲我的目光。我們——奧利、達和我，都知道那是什麼。我們當即扔下車子，像磁場裡的鐵屑一樣，各自從略微相異的方向往那裡聚攏過去。

羊皮紙色的泥土經烈日烘烤，裂成由凸面鋸齒碎塊構成的拼圖，有幾處還結著白色鹽塊，腳一踩便碎散開來。少有植物能在這裡的沙塵中生長。少數做到的一種，是地中海濱藜（***Atriplex halimus***），銀灰色的高瘦灌木，生長在沙漠比較潮溼的窪地周圍；另一種便是它的寄生植物管花肉蓯蓉。我們很快就找到在車上瞥見的那個大群落，完全是從大地噴湧而出的黃色奇觀：六根野心勃勃的莖長至我的膝蓋高，粗得像小樹苗，開滿從底部開始發褐的花朵。我們一共發現二十幾株從光禿不毛的地面往上竄，奇景見之令人驚嘆，簡直像目睹海市蜃樓。

我們著手收集樣本，用來解剖或製作押花，並將植物組織放入試管，每個試管中都有一團矽膠以保存植物 DNA。我們的任務是釐清生長在中東沙漠的管花肉蓯蓉之間的物種關係。中東地區很可能自九世紀起就會採集這些植物當作藥草或饑荒時的食糧；而在中國，與其有親緣關係的物種，被人類運用的歷史更長達兩千多年。[21] 然而，儘管管花肉蓯蓉迷人又具實用價值，它們的親緣關係卻少有人研究。我們容易把物種想像成固定不變的實體，但它們其實會隨時空變異——它們活在四維空間當中。像管花肉蓯蓉這樣的植物，沒有葉子，又不易保存，想了解它的種際分界是複雜又棘手——尤其在這裡，這地方的植物似乎全被植物學家忽略。所以未來幾天，我們將深入以色列和巴勒斯坦領土各地，尋找管花肉蓯蓉。

＊＊＊

薄霧在約旦的群山間生成，模糊掉大海、陸地與天空的分界。從這片燕麥色的山坡眺望可以看見死海，我們在這裡四散行動。大片耀眼的陸地烙進我眼中，即使我用力眨眼，殘影還是歷歷在目；舉目所及不見遮蔭，空氣炎熱，像粉末一樣乾燥——此處卻生機盎然。

奧利半催半哄要我過去看一道岩縫。「你看到什麼？」他問我，笑著期待我回答。我看向那一窪橘色塵土，什麼也沒看到。「再仔細看看。」他說。我順著他的目光看向左側，只見一排皺巴巴但肥厚多肉的莖，色調和岩石很像。我蹲下來細看，雙掌按著滾燙的地面。「***Caralluma sinaica***！」（西奈水牛角）我喊出學名，奧利點點頭，綻開笑容。「這是我見過最完好的樣本。」他告訴我。我開心地發現，看似了無生氣的莖，已經開出淺黃褐色、海星形狀的小花。我們拍照記錄，我也畫下花的速寫。

我們爬過一座月球表面一樣光禿的山坡，經過幾叢阿拉伯牛眼菊（*Anvillea garcinii*）。這種菊科植物從石縫中伸出裹著沙塵的瘦長莖幹，攢住向日葵似的奇怪花頭。岩石間沉積的黏土上，點綴著耶利哥苞葉菊，這是一種「會復活的植物」——這裡不少植物都被賦予類似形容，因爲它們在乾旱時枯萎，一遇雨水又能恢復原貌（我眼前的樣本就正茂盛生長）。奧利告訴我，我們現在所站的位置下方二十公尺處，可以找到無葉檉柳

(*Periploca aphylla*)。他很懂我，知道那是我喜歡的那種植物。

我像個興奮的孩子，頂著驕陽雀躍奔下陡坡，跑向一叢雜亂的灌木。我一眼就看見它了，腳下連忙減速。無葉楨柳不是那種會讓人停下腳步的植物，它就是纖瘦細長的矮灌木，活像營養不良的檉柳，抓住枯死的細枝，頑固地不肯放開，看上去像是隨時需要好好喝口水（畢竟是生長在這種地方）。它堅韌的莖往海的方向傾斜，與地平線十字交錯。最令人驚嘆的是它的花，小球狀簇生的花朵披著白毛披肩，每朵花都是一個扭轉的五角形，約莫拇指指甲大小，五爪上各有一根彎彎扭扭、蜘蛛腿似的黑刺。整體給人的印象，就好像上下顛倒的狼蛛聚成一團；胸部被固定住了，只有腿往外伸。

回到崖頂，奧利和達正在尋找一種優雅許多的植物。今年波塞里碧果草（*Trichodesma boissieri*）生長的狀況不好，奧利對我說，找不到的機率很大。我們三人交錯前進，眼睛緊盯著地上，每當有看起來相像的東西，就加速湊過去看，發現不是就又慢下來。就在我們不敢正午的陽光，同意打退堂鼓的時候，奧利正好瞧見有一株從岩溝間探頭。我們全都盯著它看。它的葉子像撲了層粉，細韌的莖一層層彎成方向朝下的星星；星星是天

阿拉伯谷一株罕見的
西奈蔥（*Allium sinaiticum*）。

空乳白帶藍的顏色，每朵中間都沾了焦糖，正中心向下伸出白色尖錐。

我們通過軍事檢查哨離開約旦河西岸。哨站外迂迴圍著銀色的鐵絲圍籬，點著路燈；站崗的士兵身穿卡其軍服，斜背步槍，始終神情嚴肅地看著我們。

阿拉伯谷

我們的車停在雷區——這可不是比喻：我推開後座車門跳下車時，車門差點砸到黃色的「危險，地雷！」警告立牌。我故作輕鬆，問走在這裡安不安全。「可以啦！」奧利只這麼回答。我只好緊跟著他的腳步，在柔和的暮色下走進這片多岩的平原。

附近有一座種滿胡椒的溫室棚，棚子上覆蓋的塑膠布在風中凹扭拍打。一只透明塑膠手套被風吹得鼓脹，鬼手似的滑過。奧利領著我們來到平原中央。我們是來看一種罕見的西奈蔥。這裡有一道橫跨以色列與約旦邊境的岩脊，這種植物就生長在岩脊下方的平坦沙地。我們很快就找到了，它們遍地發芽。冬季異常的降雨模式，誘使它們冒出地表，數量之多是數十年來首見，畢竟它們罷工已經有二十年了。而今，它們矮小粗壯的莖拱出地面，鬃刷般開滿綠條紋的白花。三月黃耆（***Astragalus trimestris***）也長在這片沙地上，泛著光澤的果實像一團盤繞的蛇。臨走前，我們的鞋底都沾上厚厚一層伏地沙梅草（***Neurada procumbens***）鈕扣狀的多刺果實。事實證明，想徒手拔下來，可沒那麼簡單。

當晚，我們在約旦邊境附近農村的一座農場過夜。我們簡單吃了小黃瓜、鷹嘴豆、幾種乳酪當作一餐。夜裡我睡不著覺。沙梅的刺隱隱作痛。無數念頭激烈碰撞。關於蔥屬植物、鳶尾花和管花肉蓯蓉未解的謎團。地雷區。心滿。車輛轟隆經過我的臥房窗外，悄悄把一車又一車的胡椒從熱烘烘的塑膠溫室，運往需求迫切的歐洲超市。

隔天一早，我們睜著惺忪睡眼前往謝札夫自然保護區（**Sheizaf Nature Reserve**）。沿途幾乎沒有道路可言，所以奧利乾脆把車開出路肩，載著我們直奔沙漠的中心。沙丘柔軟，如海灘一般泛起陣陣漣漪。沙丘周圍的平地有岩灘和溪床交織，每一處都星散著金合歡樹，像極了一把把倒過來的綠傘。我們在這片金黃的沙地上發現一株罕見的大瓶爾小草（***Ophioglossum polyphyllum***）舒枝展葉，能在乾渴的沙漠深處看到一株多葉的蕨草，太令人

阿拉伯谷的一株
鑲紫肉蓯蓉（*Cistanche violacea*）。

驚奇了。它的葉子反折，奇特的孢子囊結構突出於葉冠，整株植物可以安穩坐在我的食指尖，看上去就像袖珍版的二葉樹（great welwitschias of Namibia）——我懷疑它也和二葉樹一樣，倚賴霧氣和露水維生，因爲這個地方可以一連幾年從不下雨。

伊拉特到西奈半島邊境

碎石片在沙地上像玻璃一樣閃爍亮光，柱子般的棗椰樹構成整齊對稱的長矩形森林。烈日下，一切都閃閃發光。藍綠色的霧氣朦朧了地平線。我們行經措法爾（Tzofar）後，植被逐漸消失，只有帶溝槽的岩壁下方平坦處，密布著豬毛菜（saltwort）灌木叢錯雜的骨架。天空萬里無雲，大地白得耀眼，到處都有沙土堆成的小小金字塔，整潔細膩地像細砂糖。萬物都是單調的白。

直到我們看見紫色。「停車！」我們大喊，奧利急踩煞車，車子發出一陣吱呀聲後在路邊停下。我和達緩步走向我們發現的管花肉蓯蓉。紫色的花朵纖薄嬌嫩，像剛破蛹的蝴蝶。周圍環境的荒涼，顯得它生氣蓬勃；雖是植物，不知怎的，竟還更像是動物，

西奈邊境附近的**皺葉盤果草**（*Paracaryum rugulosum*）。

我能想像它在我面前一拳破土而出的樣子。這種獨特紫花型態的管花肉蓯蓉，以前在此地是記錄在「*Cistanche salsa*」（鹽生肉蓯蓉）這個學名底下，但我們一眼就能看出這個分類不對：鹽生肉蓯蓉有毛狀苞片（這一類植物的重要特徵），但眼前所見的苞片像蠟一般光滑。我們仔細觀察，檢視花朵內部，把苞片貼平在牛皮紙上進行測量和速寫（魔鬼藏在細節裡）。之後我們爲它起了新的學名：「*Cistanche violacea*」（鑲紫肉蓯蓉），也就是管花肉蓯蓉無毛的紫色種，常可見於北非一帶。但說實話，此時此刻我才不在乎它該叫什麼名字，或者該被怎麼界定，它生長在此就是美的化身——它的存在就是美。

混沌是自然的法則；只有人類做著秩序的夢。

——亨利・亞當斯（Henry Brooks Adams）*，一九〇七年。

＊譯註：美國歷史學家、美國內戰時期著名的政治記者。回憶錄《亨利亞當斯的教育》（*The Education of Henry Adams*）曾獲普立茲獎。

回到車上，我們發現奧利正忙著處裡一塊沙漠一年生植物。我猜他現在應該不想再看到管花肉蓯蓉了。我們沿著大路疾駛向伊拉特（**Eilat**），以色列最南方鄰接紅海的港口。我們把車停在一片白牆斑駁的度假村外圍，附近有許多鏽紅色的三角形石堆。我們在一條岩溝裡看見百簕花（***Blepharis attenuata***），爵床科（**Acanthaceae**）下一種滿身尖刺的植物，看似上下顛倒的藍紫色花朵從尖刺間探出，活像伸出舌頭喘氣。南方這裡地理條件嚴苛，沒有太多可看的，所以我們拋下海崖，往西朝西奈半島邊境前進。

我們在邊境巨大的鐵絲網圍籬底下戳探植物。一輛龐大的坦克隆隆駛過。一名士兵在遠處，滿臉懷疑地看著我們。他不會知道我們在觀察皺葉盤果草，也就是勿忘我（勿忘草）的遠親，他八成也不在乎。皺葉盤果草有小小的李子色果實，像氣球一樣拴在莖上，彷彿轉眼間就會飄走。這株植物長得意外茂盛，簡直像有人在這個沙漠角落悄悄替它澆水——或尿在上面。「我們走吧。」奧利突然開口，「邊境的人容易疑神疑鬼。」我們魚貫上車，但就在出發之際，一名士兵揮手攔住我們。奧利放下副駕駛座車窗，也就是我的座位，俯身越過我和士兵交談。士兵看起來確實疑神疑鬼，揮著手上的大槍，槍口指著我的手臂。經過簡短熱烈但我聽不懂的交談後，士兵收起槍退開，車窗再度滑

內蓋夫沙漠（the Negev Desert）的一株
小肉蓯蓉（*Cistanche fissa*）。

上，我們重新上路。我問奧利方才什麼情況，他輕輕一揮手沒有回答。達告訴我剛才士兵手上拿的是哪一種步槍，說明它何以那麼巨大。聽起來比一般的槍械危險很多，但我也不懂。

內蓋夫沙漠

我們漫步在海床上，海床在五百萬年前就已經乾涸，只是看上去好像海水上星期才消退似的。受過海水侵蝕，又經太陽炙烤，這一片米白色的岩丘地空曠荒蕪，強風蕭瑟。

達在前頭帶路。不適應這片土地的人可能會在這裡迷失方向，因爲在內蓋夫沙漠這片偏遠地帶，放眼望去什麼都長得一樣。但達不是一般人，他目標明確地領著我們，穿越淤積黃土包圍的岩石階地，經過錯綜複雜的土堆，土堆上梭梭樹像鹿角珊瑚一樣枝幹大張。

下車後走了一公里，達告訴我們目的地到了。就在這裡，在這片多岩的三角地帶，有他見過最奇特的東西。我們感覺得到那東西的存在，我們三人都有感覺。我的手臂汗毛直豎，手指期待得發顫，因爲就在前頭，在我們眼前破土而出的，是一株我不曾見過類似模樣的管花肉蓯蓉：它有豬肝色的肥大錐狀花蕊，包覆花蕊的苞片上撒滿細白糖霜；最底下的花才剛開出一點縫，露出奶油色和覆盆莓色的花瓣，美得像是佳餚。我們望著它，速速記下筆記，同時翻查我們帶來關於這個屬的古老文獻影本。考慮到苞片有毛，還有苞片形狀，與這株植物最吻合的是學名「*Cistanche fissa*」（小肉蓯蓉）的物種；但根據紀錄，小肉蓯蓉從來只見於高加索山脈以東到中亞各國之間。所以現在的問題是：我們看到的是此物種在這個地區的第一筆紀錄，還是全新的物種呢？沒人知道答案。答案只能透過 **DNA** 揭曉。

＊＊＊

太陽已然融化在阿沙利姆（**Ashalim**）上空，爲往邊緣傾瀉而下的懸崖鍍上金光；崖壁瘦骨嶙峋，布滿雨水痕跡。這些岩壁也和骨頭一樣支撐著有生命的物質。我們爬上這些岩石基座，去看一株管花肉蓯蓉（你想必不意外），但此刻有別的東西擄走我們的目

內蓋夫沙漠的
尖刺黑花天南星（*Eminium spiculatum*）。

內蓋夫沙漠的
瑪麗亞鳶尾（***Iris mariae***）。

光；山羊黃耆（*Astragalus caprinus*）的葉冠像綠色的海星環抱古銅色岩石；幾叢絨毛蠅子草（*Silene villosa*）的白花熱烈綻放，好似將自身的生命全押在了花朵上——也確實如此。這一切都在內蓋夫這裡發生。

在沙質高原上，我見到了最令我興奮的植物，是尖刺黑花天南星。我不會佯稱它很美，反正不是主流的那種，但它很奇特，我想這點沒人能反駁。它是天南星科的一種植物，有點像貼地形態的克里特島巨龍海芋（**great dragon arums**）。它的佛焰苞顏色像牛排，斑駁帶焦棕色，中心熟透，但邊緣還很生；肉穗花序的顏色與苞片相稱，只是比較光滑，顏色稍深，像融化的巧克力；葉子像手掌向外張開，從沙地裡向上推。我好不容易才讓自己脫離它對我下的魔咒。

天光漸暗，波紋蕩漾的沙子暗成銅箔的顏色。這是我在這一片沙漠的最後時光，明天我就要離開了。但我現在不願去想這件事。還有一種植物要看。夕陽緩緩西落，奧利帶領我們兩人在沙漠中前行，我們的影子在身後拉得很長。我猜奧利察覺到我臨行前的難過，這是他送給我的禮物。

一朵內蓋夫沙漠的瑪麗亞鳶尾，我以前沒看過這個物種，但不論從哪個角度來看它都好美：三片垂瓣呈球狀、帶荷葉邊，桑葚顏色、絲綢光澤，勾著細緻的深色脈紋；每一片花瓣基部都有一抹黑檀木色，像沿著皺痕暈開的墨漬；夕暮色的三重瓣橫拱在垂瓣上方，花瓣整齊交疊，儼然寶塔。整朵花綻放古銅光澤，深深觸動我心中某個角落。但想獲得這樣的禮物，從來無法不付出代價——回家的路上，我止不住哀傷。

三月初，尤其在雅法到拉瑪（Ramah）之間的平原，到處挺立形形色色美麗的貝母、鬱金香，以及其他不同綱目的植物。但聖地各處往往有眾多險阻等候旅者，使他倉皇之餘，難以觀察眾多奇妙事物，亦難以收集各色植物，或國境內其他諸多自然之奧妙。

湯瑪士・蕭（Thomas Shaw），一八〇八年。[22]

V

崇山峻嶺之上

加納利群島

Ⅴ
崇山峻嶺之上

加納利群島

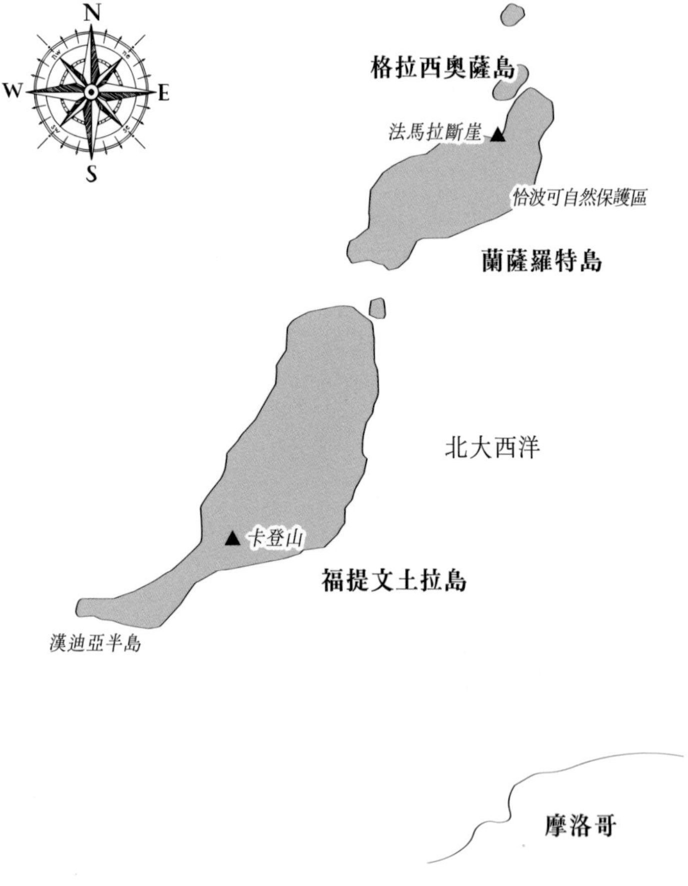

一股電流竄過我全身，我和高大的多肉植物站在棠奇托聖母（Virgen del Tanquito）的陰影下：她神聖的山坡在我身後，而我面前是一片火焰孕育的大地。

加納利群島以豐富多樣的植物相聞名。位於大西洋上的這片島群，孕育了地球上其他地方找不到的六百種特有種植物；各島全部的原生植物中，特有種就占四成。加納利群島能有異常豐富的植物，部分原因在於鄰近非洲海岸。在古老的地質年代，這樣的地理位置發揮橋梁的功能，讓物種遷入得以發生——更偏遠的群島往往沒有這些過程。

福提文土拉島（**Fuerteventura**）和蘭薩羅特島（**Lanzarote**）兩座火山島，以及周圍散落的小島，就座落於非洲外海約一百公里處。群島最東邊的這幾座島嶼，氣候溫暖多風，屬於海洋沙漠性地中海型氣候（**oceanic-desertic Mediterranean**），部分海岸地帶的年降雨量只有六十公釐，高地上升至約兩百到兩百五十公釐，夏季月分則幾乎零降雨；島上乾如沙漠，像是撒哈拉沙漠的碎塊漂進了大西洋。一七九九年，德國地理學家兼博物學家亞歷山大·洪堡（**Alexander von Humboldt**）寫道：

東邊二島，蘭薩羅特島和福提文土拉島，由廣闊平原和低矮山脈構成，泉水甚少……我們就近一睹，蘭薩羅特島的整個西側，樣貌仿若剛被火山噴發摧殘的國土，一切都焦黑、乾枯，裸無植被。[23]

但洪堡是在六月造訪這兩座島。假如他在冬季的強降雨後到來，他會看到風景煥然一新：島上紅橙色的岩石平原和層疊的烏黑熔岩閃爍放光，但不是因爲餘燼，而是植被。一年當中就只有幾週，群島會變得綠、黃、粉、白，一片錦簇，石縫間光影閃動，山徑旁枝葉繁茂。對一個在寒冷冬季一連幾個月見不到植物的植物學者來說，這片溫暖的生命綠洲有擋不住的魅力。好幾年來，每到冬天，我就會逃離不列顛清冷乳白的天空，到這裡與當地植物學者和生態學者一起，在暖和的冬陽下進行植被調查和保育工作。

我發現在這些沙漠島上，可以透過植物看出天氣變化，比如雨量和降雨時間。有趣的是，同樣是冬天，每年的降雨都不同，今年冬天喚醒了石縫間的植物，下一年不見得可以——有幾年冬天就幾乎完全沒下雨，這時得更努力才找得到植物。也就是在這種時候，我會爲了追逐它們玩命攀下懸崖，在薄霧氤氳的峭壁上將它們圍困在黑岩

加納利大戟（***Euphobia canariensis***），別名「卡登」（Cardónes），也叫墨麒麟，生長在福提文土拉島的卡登山。

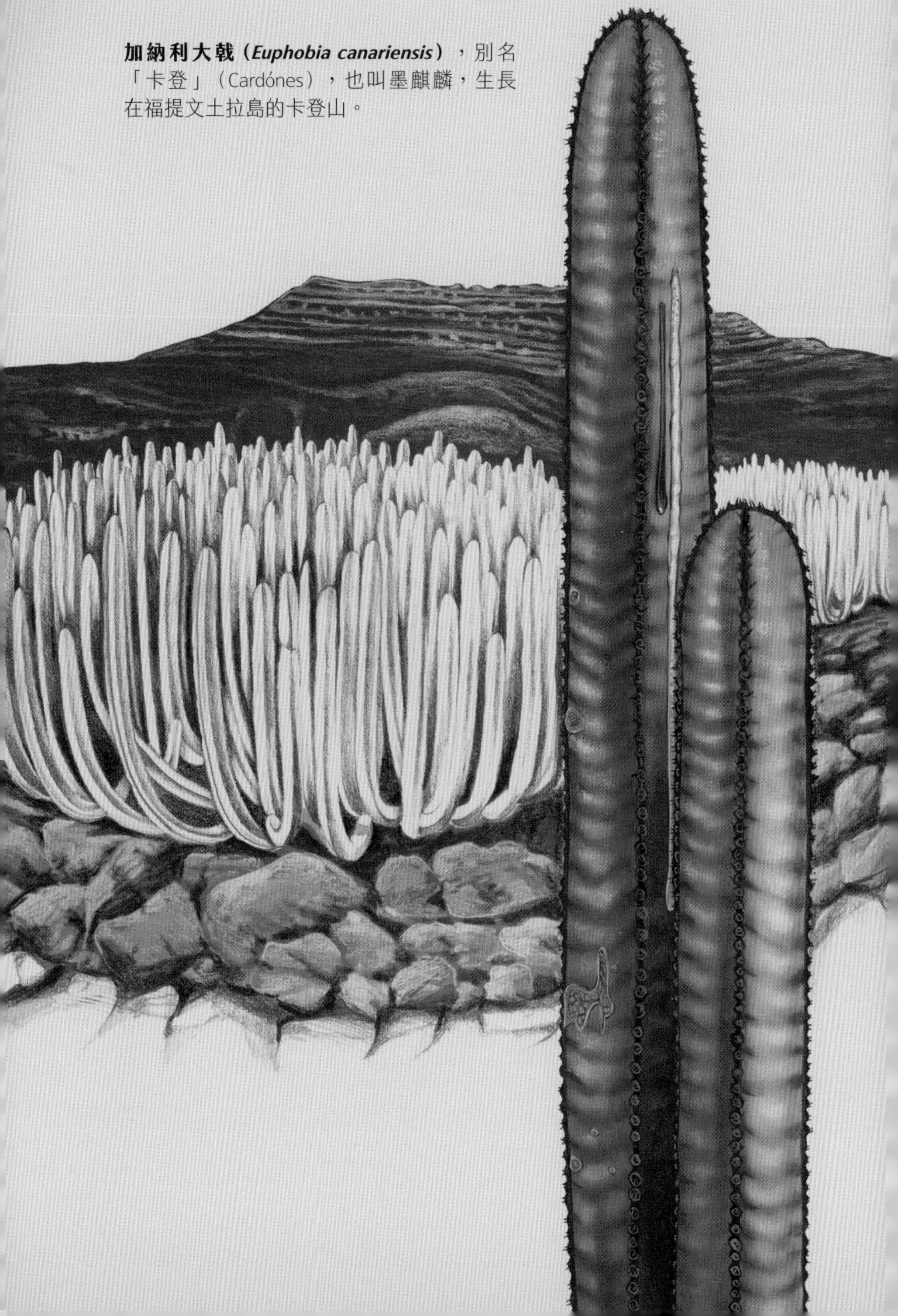

牆一角；這些岩牆高度可不亞於世界上最高的大樓，即便現在回想起來，我都能冒出一手冷汗。

福提文土拉島

十二月一個萬里無雲的日子，我南下前往漢迪亞半島（Jandía Peninsula），尋找一種只生長在這顆星球某個空曠一角的植物。荒無人煙的道路蜿蜒穿過赤橙的平原，平原上零星矗立白色風車和寂寥的山羊農場。我經過名叫圖伊內赫（Tuineje）的小村莊，意外欣喜地在一片岩地上看見有沙漠葫蘆瓜匍匐蔓生，綠黃相間的瓜身上布滿紛亂錯雜的條紋。我停下車，走近瞧瞧。這裡看起來就像一片迷你西瓜田。我摘了一個瓜下來放在掌心，沉甸甸的，令人滿足。

來到卡登村（Cardón），我又停留了一會兒，這座寧靜的村莊依偎在巍峨的卡登山腳下。不論村莊或山，名字都取自我預計來看的植物：加納利大戟，別名「卡登」。這種植物在以前更爲常見，那時的島民會將它採收回來當作燃料；但隨著島上環境快速變遷，現在加納利大戟只攀附在零星幾座荒遠的山坡上，能找到它也因此顯得難得。

村子裡不見人影，氣氛詭譎。灰斑鳩在棕櫚樹上低吟，棕櫚葉在微風中顫動，發出揉搓塑膠似的聲響。我往山腳走去。遠遠望去，山像一頭大犀牛攤平四肢，懶洋洋橫臥在地平線上。從犀牛腳下湧出黃色、橘色布滿褶皺的土堆。卡登山是大島南部山脈中最壯觀的一座，也是島上僅次於漢迪亞半島植物相最豐富的區域，據估計擁有十八種特有種。卡登山陡峭雄偉的岩壁，受狹窄的深谷和潮溼的岩縫削切隔絕，避免了人類影響。戰士的英勇傳說曾經傳唱於山中，如今這裡是當地教區居民朝聖禮拜、向棠奇托聖母獻舞之地。卡登山海拔六九〇公尺，其實不算很高，但紅灰色的雄偉山體看上去比實際上更巨大，兀立在平坦的科菲特平原（**Cofete Plain**）之上。從地表往下至深處，殘留的火山筒像一座看不見的迷宮，從山的核心向外延伸，這就是過去岩漿噴湧而出的地方。

從西邊上山，有一條山徑通往山頂，但大株的加納利大戟只生長在東側險峻的崖壁，無路可至，我必須自己開路。我環顧四周，找出最可行的攀登路線後動身出發。

福提文土拉島，卡登山。

或綠或橙的田野在平原上交織如錦，但山坡上荒草不生。我在月球表面般的惡地尋路向上，放眼望去一片空蕩，只看到灰撲撲稀疏成團又帶刺的栓果菊（*Launea arborescens*）、南方枸杞（*Licium intricatum*）和又名「馬托」（**mato**）的地中海豬毛菜（*Salsola vermiculata*），都是這裡常見的植物。它們的葉子大多都掉光了，但地中海豬毛菜上還掛著上個季節留下的胭脂紅果；腳邊，像手掌一樣胖墩墩的夾竹桃葉仙人筆（*Kleinia neriifolia*）從石頭間偷摸了我的腳踝一把。山坡數千年來受激流沖蝕，削切出許多洞穴狀的深溝；其中最大的是林科內斯谷（**Barranco de Rincones**），我必須下切進谷底，再從深谷爬出來，才能抵達這座大山赤紅色的的後腰。我能看到加納利大戟就潛伏在前方。

我滿頭大汗，賣力爬上山坡。忽然間，我四周全被它們包圍：管風琴般的黃灰色肥大巨莖，從裸岩中豎起有數公尺高；與它們同名的卡登山，山峰在上方若隱若現。到處都是加納利大戟，總有百來多株，順山勢而下，沿著深谷長成一排。它們突出裸岩的樣子讓我聯想到巨大的深海生物——深海珊瑚或是管蟲，也是像這樣從海床突刺出來。直柱狀的莖底部發黑且傷痕累累，歲數難以估算，但我猜可能有幾百年了。我感覺一股電流竄過全身：我和高大的多肉植物站在棠奇托聖母的陰影下；她神聖的山坡在我身後，而我面前是一片火焰孕育的大地。

我繼續向南前往漢迪亞半島：福提文士拉島上的植物熱點。漢迪亞半島曾是孤立的小島，現在則以一道寬闊的白沙灘地峽與本島相連；地峽的形成則要歸功於數百萬年來堆積的貝殼、海膽、海綿。勾勒出狹長火山半島輪廓的雄偉灰色直角柱，遠遠踞於地平線上。這些陡峭的斷崖因為難以接近，長年來不受人類與動物活動影響，頂峰生長著有趣的灌木植被，包括島上其他地方沒有的植物；不過我要尋找的植物長在斷崖腳下，是福提文士拉島最著名的特有種：漢迪亞大戟（*Euphorbia handiensis*）。和我剛剛才看到的加納利大戟一樣，半島上的代表植物也是大戟科的多肉植物，生長範圍只限於漢迪亞自然公園內幾座荒遠的岩谷。

經過成排的觀光度假村後，道路逐漸縮窄，進入了沙土地。十二月中旬，萬物凋敝，像是好幾年沒下過一滴雨；乾渴的黃褐色山丘周圍，蔚藍的海面波光粼粼。我鑽入谷地後右轉，還沒看見就已經感覺到了——果然，沒多久，那株植物就映入眼簾。才剛下車，我就看見它灰色帶刺的長莖盤繞一顆巨石，活像蛇妖梅杜莎的頭。我蹲下觀察其中一株，

漢迪亞大戟，生長在福提文土拉島上的漢迪亞半島。

柱狀的莖交錯盤繞，形成一個多刺的半圓形厚墊。就像豪豬的刺，看起來不好惹，也讓這種植物顯得長相兇惡，彷彿有意傷人。我信步走向下一株，赫然發現還有好幾十株長在溪谷巨岩間。在趨同演化（convergent evolution）*的神奇作用下，漢迪亞大戟與美洲一種無親緣關係的仙人掌有著驚人相似的外觀，這源於它們同樣嚴苛的生存環境所施加的壓力。我在其中一株身旁坐下，在溫煦微風中畫起素描，暫且遺忘身外的世界。

洋流把我們拉向海岸，速度比我們預期中更快。船航向前，我們首先發現以飼養大量駱駝聞名的福提文土拉島，沒過多久，我們就在分隔福提文土拉島與蘭薩羅特島的海峽內看見了洛伯斯島（Lobos）。

洪堡，一七九九年。[24]

※譯註：指親緣關係疏遠的兩種生物，因為長期生存於相似環境而演化出相同特徵。動物界的例子如：鯨魚屬哺乳類，但因與魚類同樣生活於水中，所以演化出與魚類相仿的形態構造。

蘭薩羅特島

蘭薩羅特島座落於群島東側，因爲容易抵達且氣候溫和，是加納利群島當中最爲人所知的島嶼。每到冬天，度假遊客便蜂擁而來享受溫暖陽光、潔白沙灘，以及此起彼伏的火山峰巒構成的惡地風景。遠離了島嶼南部喧嚷的度假村，位在島上西北角的法馬拉山（**Famara**），是一塊地質年代古老的岩層，有高聳的斷崖和山脊，人和山羊都難以靠近；島上的特有種植物大多生長於此，甚至有十二種只能在這裡看到。

自大西洋的薄霧中升起的這幾座黑色層峰，是我今年冬天的目的地。我計畫與當地的植物學者阿弗雷多・雷耶斯—貝坦寇特（**Alfredo Reyes-Betancort**）進行植物探勘，他是加納利群島上各種植物的專家。他從小在蘭薩羅特島長大，島上每一株植物、每一座斷崖、每一個踏腳點，他都認識。

我們的探勘始於爬下羅西塔斯山（**Las Rositas**）的崎嶇山坡，山勢和緩落入大西洋，下坡並不費力。我們穿過林立的巨大黃花羽裂苦苣菜（***Sonchus pinnatifidus***），來到懸崖邊。

阿弗雷多指著一根拱形多刺的樹枝，說這是紫蘆筍（***Asparagus purpuriensis***），一種特有種野生蘆筍，看上去卻像堅韌的一團荊棘，與可以食用的蘆筍表親相去甚遠。到處都有加納利蔥（***Allium canariense***）從岩石間探出頭，羽葉薰衣草（***Lavandula pinnata***）把路旁潑染成一片紫藍。這個冬天水氣少，春天開花的一年生植物長得斑駁稀疏，我們今年必須特別費心才找得到它們。

我們繼續沿著顛簸山徑向下，直到抵達百里香葉岩薔薇（***Helianthemum thymiphyllum***）的首見紀錄點（***locus classicus***）。它們十分罕見，只長在這裡幾處俯瞰大海的岩棚上。剛捱過旱冬，沒有幾株開花，有些就連葉子也幾乎沒長。我們湊近細看：棕色樹皮和光滑無毛、帶光澤的深綠葉片——全都符合這種植物的特徵。回到崖頂，我們開始尋找城堡列當（***Orobanche castellana***）——可想而知我有多興奮。可惜找了十五分鐘，沒發現半株開花。

於是我們驅車向南，沿著平行法馬拉斷崖的路線，在島嶼北側畫了個弧形。我們經過古色古香的山城哈利亞（**Haría**），小城座落於查喬山（**Peñas del Chacho**，又名「千棕櫚谷」）

的群峰之間，我驚喜地發現這裡有蘭薩羅特島阿魏（***Ferula lancerottensis***）冒出岩縫，在乾旱至極的山坡上，看起來翠綠新鮮得不可思議。它沉甸甸的主根想必深深探進岩石裂隙，吸收其內殘留的稀薄水氣，爲冬季長出的花莖提供養分。登上附近風勢強勁的哈利亞觀景臺，我們看到一株雛菊的近親，罕見的馬德拉木茼蒿（***Argyranthemum maderense***），又叫「馬德拉瑪格麗特」（**Madeira marguerite**），因其檸檬黃色的花朵而在各地廣爲種植。阿弗雷多走到一邊去接電話，我獨自在岩棚上坐了一會兒，迎著和煦微風，飽覽在眼前延展開來的島上風景。

車行向南，我看到山崖如一道道結凍的碎石流傾注入海。墨綠色巨岩矗立在琥珀色的平原之上，我們行駛的道路盤繞在巨岩間，不幸翻落山坡的生鏽車輛骨架散落在我們下方。阿弗雷多帶我去看他在這裡最喜歡的特有種植物：棉擬蠟菊（***Helichrysum gossypinum***），當地叫作「**yesquera amarilla o algodonera**」，他解釋這是西班牙語，意思是「黃色火絨」。矮花叢肥厚的灰葉片伸出石縫，我搓了搓葉子，溼溼的，浸飽了海霧。我們還在附近看到多肉植物龍爪愛染草（***Aichryson tortuosum***）和疏花單花景天（***Monanthes laxiflora***）青銅色的厚葉膨脹出石縫。

回到路邊，阿弗雷多指給我看一叢開滿黃花的亞速爾毛茛（***Ranunculus cortusifolius***），宛如一灘陽光。我們攀下一處陡坡，走了約二十分鐘去看闊葉綿棗兒（*Scilla latifolia*），十來個帶葉的球莖，莖枝粗壯，結實纍纍，阿弗雷多還給我看了他幾星期前拍的這種植物開花的樣子。返回車子的路上，一道雲層遮住太陽，大地驟失色彩。就在車子附近幾公尺處，阿弗雷多指出我們腳邊的一朵沙番紅花（***Romulea columnae***），花朵大約櫻桃大小，剛才我們一定看漏了。我們蹲下近看，就在這瞬間，一束陽光像聚光燈般投落，花朵霎時變得如一簇紫水晶，在岩石間閃閃發光。

黝黑群山……仿若五、六百英尺高的陡牆。影子投於海面，為風景添上一抹陰鬱。玄武岩從海水的胸脯升起，狀似龐大建物的遺跡。吾等見此存在，思緒不禁回到久遠以前的年代，海底火山孕育出新的島嶼，或將陸地撕成碎片。

洪堡，一七九九年。[25]

＊＊＊

我們往南來到島嶼中央，一片琥珀色間雜黑色的火山平原，來看特有種的蠟菊屬植物紅火袋蠟菊（***Helichrysum monogynum***）。明明是這麼特別的一種植物，卻很不相稱地長在大馬路邊，風吹來的白色塑膠袋勾在它的枝椏上。我們蹲下來觀察，過往車輛的駕駛無不對我們行注目禮。阿弗雷多看起來無動於衷——他大概和我一樣，早就習慣了。我們找到像大灰土堆一樣的蠟菊叢，其中幾叢有猩紅花朵從錯雜的樹枝間探出頭，猶如火堆的餘燼。

回到島嶼北部的法馬拉斷崖，縷縷白沙被風吹到路上，像在柏油上灑了一層糖霜。膚色黝黑油亮的衝浪客或聚在沙灘上，或散落於海中，動也不動，等待浪頭。看起來很冷。我們在海邊光滑的灰岩上一拐一跳，尷尬地經過他們，阿弗雷多一路上指出許多沐浴在空氣下的罕見植物。空氣裡有鹽和海藻的味道，我的皮膚被海風吹得粗糙。平滑槓柳（***Periploca laevigata***）細長的枝條在岩石上彈跳。這是我在沙漠走跳時認識的植物，不管在哪裡見到，海星般的花朵和鹿角狀的果實都會讓我心中一陣悸動。

到了海灘盡頭，我們手腳並用爬上陡峭絕壁，尋找島上極其罕見的一種迷你樹車前

（*Plantago arborescens*），但找了一個小時仍一無所獲。我們繼續往上爬，伸長脖子環顧斷崖上方。終於，在雙掌都被刀鋒般銳利的岩石劃得傷痕累累後，我們找到一株從溝谷裡長出來的樣本。不得不說，長得真沒什麼吸引力，但既然費了這麼大功夫才找到它，我們還是花了點時間欣賞。下返途中，我們看到石縫裡長滿白花雛菊（*Asteriscus schultzii*）；最棒的是，回到車上前，阿弗雷多還指給我看了木蒼朮（*Atractylis arbuscula*），小小的半圓頂樹叢上，遍灑著星星似的白花頭。這種植物目前瀕臨絕種，只生長在這些巨石間，日日聽著大西洋的怒濤與嘶鳴，比藍鯨還要稀有。

> 蘭薩羅特島與福提文土拉島的火山頂……如同岩石在這片蒸氣般的汪洋中浮沉，岩石的黑與雲氣的白，形成鮮明對比。
>
> 洪堡，一七九九年。[26]

在蘭薩羅特島下攀法馬拉懸崖。

＊＊＊

還有一些植物可看，但不是那麼好找，阿弗雷多在車上對我說。自行車騎士喘吁吁地騎上陡坡，我們從旁經過，往「矮林」（El Bosquecillo）前進，那是島嶼山頂的一片「微型森林」。我們把車留在正在集合的遊客和成堆的背包旁，走向巨大懸崖邊緣——高聳的黑色岩牆與扶壁，簾幕似的陡直落向海面。我看著連綿不輟的海浪如手風琴一般，慢動作靜靜滾向下方馬蹄形的海灣。登山者站在崖上眺望風景，衣襬在風中翻飛。我們離開步道，走向懸崖邊緣。阿弗雷多問我怕不怕高。我笑了笑，對他說不怕。

現在，想像你爬出一百八十二層樓高的窗戶，雙手扶著窗框，背貼著牆，兩腿在半空中晃。好，現在慢慢低頭看向腳掌之間。嚇死人了，對吧?很嚇人，但也很刺激。

隔著霧，一道白沙在下方六百公尺處向上凝望我。我的雙手掌心汗溼。我們背抵崖壁，一寸寸向下移動，陣陣狂風把我們吹得動彈不得。我們用腳後跟輕觸岩石，找到立足點，再以雙手緊緊扒住岩壁。慢慢來。我的心臟撲通直跳，手指刺痛發麻，沿著背脊流了一身冷汗。這種感覺我再熟悉不過：那是腳底每一次抗衡死亡、往下踩所帶來的感覺，還有我下方所有空氣，是的，那片虛空，以及那股伴隨追尋植物而來的、令人興奮發顫的電流。穩住。我調整姿勢，一手去拿筆記本和鉛筆，就在這時……**呼咻！**忽然一陣強風吹得我撞向岩壁，鉛筆從我汗涔涔的手指之間滑落，我看著它一邊彈跳一邊墜落了五百公尺，最後消失在深淵。我手臂外側的寒毛隱隱作痛。阿弗雷多在我的右方，對此渾然不覺，正忙著在突出的岩架旁定位。我小心翼翼往下攀向他所在的位置。他抬頭看我，自豪地笑了笑，接著就在霧氣瀰漫的懸崖岩架上，向我展示了一片名副其實的石頭花園。我正細看各式各樣水光淋漓的植物，阿弗雷多頂著呼嘯狂風，猛然喊出一串學名：「**SIDERITIS PUMILA**」——矮毒馬草（*Sideritis pumila*），是這叢花草中最難得一見的。它與薄荷和薰衣草有親緣關係，但外表長滿節瘤，一副生氣缺缺的樣子，且經年受強風吹襲，長得十分矮小。不得不說，它的長相很不起眼，但只要想到在這個遺世獨立、不爲人知的小角落，我和它共度了這一刻，又使它特別起來。尖銳的風又颳了起來。「我們該走了！」阿弗雷多吼著說。於是，我們臉頰緊貼岩壁，離開了這座崖上的祕密花園，把自己拉上懸崖，回到安全的地方。

漫步走在步道上，風勢減弱，一切又回歸平靜，讓人簡直不敢相信剛才發生過那些事。「現在蘭薩羅特島上所有植物你都看過了。」阿弗雷多滿臉笑容對我說。我們回到車上，我的雙手和腳都滲著血。

＊＊＊

今天，我會在島中心與島上的生態學者馬提亞斯・赫南德茲・岡薩雷茲（**Matías Hernandez Gonzalez**）見面。路上我注意到，新雨過後，一層青翠的綠色地幔已經爬滿山丘，風景不像鄰近撒哈拉的一片沙漠，倒像英格蘭北部峰區。植被飄散草本氣味，味道像大麻。我穿行在發育不良的藤蔓構築的黑綠原野間，半圓的火山岩牆和成排的番薯環蔽四周。有俯首彎腰的人影在小田裡耕作，好言勸慰作物：別管天只降下小雨，儘管從泥灰裡長出來。他們後方，死火山群俯望下方一群觀眾似的蘆薈農園。田野漸漸沒入西語稱爲「**malpaís**」的熔岩惡地，地上四處散落多肉植物鳳仙大戟（***Euphorbia balsamifera***）形成的藍灰色圓丘，還有夾竹桃葉仙人筆。它們手指似的莖伸出岩石，樣子好比珊瑚，我覺得自己像是開車從海床通過。

我在公車站見到正在等我的馬提亞斯。我們順著巷道散步的時候，他跟我說，他在這座村鎮繼承了家裡一塊地，並改闢成自然保護區種植稀有植物，他稱之為恰波可自然保護區（**Chaboconatura**）。古老熔岩形成的偉岸風景，在早晨陽光下輪廓鮮明，有幾處看起來就像上個月才剛爆發過的火山一樣。我們繞著溫暖的黑色山坡閒晃了近半小時，挑選讓我作畫的樣本。一群微小的一年生開花植物沿著石縫萌發，在凹凸不平的黑色地面上畫出交錯的綠線。僅幾平方公尺的範圍內，我們就認出了十來種植物，包括開滿小粉花的老鸛草（**crane's bill**）和橙黃的金盞花。我和阿弗雷多幾天前在路邊遇到的紅火袋蠟菊，在這裡肆意生長，一旁還有看上去健壯結實的樹蓮花掌（***Aeonium lancerottense***）長成的多肉森林。馬提亞斯還指出他的祖先很久以前種下的原種多肉植物。我們三不五時就蹲下來辨認小小的一年生植物，或觀察苜蓿的托葉。我列舉植物名的時候，他張大了黑眼睛專心地看著我點頭，然後在筆記本上把名字全寫下來。

午後，我為保護區裡的植物畫畫，馬提亞斯則在涼棚下慢條斯理製作植物標籤。我的工作站樸實無華，就是一張小木桌和一把木椅，擺在祕魯胡椒木（***Schinus molle***）光影斑斕的樹蔭下。在我旁邊，古老加納利大戟的巨柱破岩而出。一陣徐風吹得胡椒木樹葉沙沙作響，隨後便掠向遠方。我把用具全部攤開在面前，我的水彩顏料盒聞起來像肉豆蔻，有一股令人安心的香氣。我把每一片葉子、每一根枝條仔細排開，用手擋住風，仔細觀察它們的複雜和精細——每一道瘀痕和傷疤，都能爲它們增添個性，使其生命力躍然紙上。下一步我起草構圖。各種各樣的野花有時候很棘手，因爲不是每一種植物的樣貌都符合主流審美標準，且它們各有自己的韻律，必須找出和諧的擺放方式。滿意構圖的幾何平衡後，我用水蘸溼形狀空白處，然後用胭脂紅、朱紅、焦赭色塗染上色。團團色彩在紙上唱出和聲。

油彩是我首選的媒材（本書插畫全都是油畫），但水彩方便攜帶，乾得也快，所以很適合露天作畫，只是我得習慣把作畫順序顚倒過來。用水彩的話，我必須先區分出顏色最淺的區塊，確保這些地方到最後仍然透亮，不像油彩可以之後再上光。我看著粉色與黃色相互暈染，同時有小攀蜥在石頭間竄進竄出，鴿子在樹梢咕咕叫，蜜蜂繞著胡椒木的花朵嗡嗡工作。一隻有我前臂那麼長的大西洋蜥蜴（***Gallotia atlantica***），用不以爲然的側臉瞥了我一眼，旋卽消失在牆後。到了下午，畫中的主體已經充分確立，可以加入葉緣、葉脈、花朵等精密細節了。把輪廓勾勒清晰，賦予每株植物個性，這個步驟令人滿足。夕陽沒入天際，我依依不捨地收拾背包，告別這片小小的火山綠洲。但我很慶幸能在這裡待上一段時間，認識這個地方，飽吸這裡的顏色。

＊＊＊

傍晚，我參與當地社區主持的「恢復荒野」活動，希望把阿雷希非市（Arrecife）一處廢棄空地恢復成原生景觀。那是市議會所有的一塊土地，馬內赫死火山（Maneje）矗立在旁。馬提亞斯告訴我，那裡三十年來寸草不生，用來建造都市社區庭園正好。我們的目標是栽種原生植物，創造一個綠色空間，蘭薩羅特島地方植物群的美和重要性不僅對民眾的身心健康有益，還能增進社區交流。馬提亞斯說起這件事時滿臉自豪——我看得出這對他的意義有多重大。

所有人聚集在空地中央，圍著一堆生鏽的園藝用具和無數切半的回收寶特瓶，每個瓶子裡各有一株馬提亞斯在自家陽臺培育的幼苗。經過介紹，我認識了馬提亞斯的老同學哈維，以及六個來幫忙的附近家庭。我們二十個人散開在長方形空地上分頭行動。地上布滿火山礫石，零星長著白花天芥菜（*Heliotropium bacciferum*），花的味道像白水仙混了貓尿。我們種植的其中一種幼苗是本土代表加納利大戟，就是我在福提文士拉島山區看

加納利群島

哈維和馬提亞斯在蘭薩羅特島阿雷希非市清除入侵種雜草。

過的那種植物，只不過那是野生的成體；而現在，每一株幼苗都只是手指粗細的紫色單莖，很難相信它們有一天會長成那樣的龐然大物。我們也種下野生薰衣草和夾竹桃葉仙人筆，兩者都常見於島上各地。小鏟子敲擊石頭發出鏗鏘清響，我突然覺得我們就像在種樹，滿足在土地上留下一點標記的渴望——但願在我們消逝以後，這些植物還會在這裡繼續生長。有個孩子興奮地到處跑，馬提亞斯和哈維則忙著清除空地周邊的雜草，拔除入侵種植物，塞進紫色的垃圾袋，然後像耶誕老人一樣，甩過肩頭背著。一個小時過去，夕陽餘暉漸暗，我們起身環顧大家一同努力的成果。沒有人說話，但空氣中洋溢一股滿足，滿足於我們在這座城市爲一個更有綠意的未來播下了種子。

格拉西奧薩島

我在濱海小鎮奧佐拉（Órzola）與馬提亞斯會合，我們將在這裡搭船前往格拉西奧薩島（La Graciosa）。又名「第八座加納利群島」的格拉西奧薩島，是蘭薩羅特島北方構成「奇尼霍群島」（Chinijo Archipelago）的其中一座火山小島。我們的任務是前往島上，找到加納利群島目前僅存的赤紅鎖陽（*Cynomorium coccineum*）群落所在位置，這是我們與地方當局合作的一個保育計畫目標。鎖陽屬植物長得很像真菌，但其實是一種寄生植物，外形十分獨特，像溶洞地面的石筍一樣，從沙土中冒出長滿黑色尖刺的花穗；粗如蟒蛇的莖，饑荒時曾被挖出來當作「應急糧食」。我在地中海地區見過這種古怪植物，但長在這麼西邊的還沒見過。鎖陽在這裡少有紀錄，我和馬提亞斯很好奇，想看看它生長在這裡的樣子，順便評估保育等級。

我們在法馬拉山高聳的灰牆陰影下離開蘭薩羅特島，海浪不斷拍襲山腳。航渡里歐海峽（**Strait of El Río**）的二十分鐘，我們大口吸進噴濺的浪花和汽油味空氣，望著排列凌亂、被火山包圍的白房屋慢慢進入視線。我們上岸時，油脂灣（Caleta de Sebo）的居民正忙著準備過耶誕節，鼓突的仙人掌和多肉植物被繞上了彩帶、掛起小吊飾；我還看到一個嬰兒耶穌的塑膠公仔，被安進一株大戟肥厚多肉、燭臺似的莖幹間。

我們漫步在沙質路上，走向看到的第一叢植物。剛下過雨，植物全都掛著露珠，嬌嫩欲滴。一團健康的海濱芥（*Cakile maritima*）從一堆生鏽的藍色金屬桶間蔓生開來。我們蹲下來細看一株矮灌木亮銀色澤的葉子，一致認爲那是灰濱藜（*Atriplex glauca*）。不遠處，我們又看到一團長得肥厚的闊葉仙傘芹（*Astydamia latifolia*），是岩海蓬子的近親，帶光澤的厚葉與乾枯的地面一對比，鮮嫩得格格不入。我搓碎一粒果實，氣味和洋香菜一模一樣。

我們離開油脂灣白綠相間的小漁村，循一條繞阿古哈格蘭德斯火山（Agujas Grandes）的山路往東行。路上一叢栓果菊，被杯花菟絲子（*Cuscuta approximata*）義大利麵條般盤繞的黃色莖條給吞沒。我們一路走走停停，辨認發現的植物，或欣賞美麗的岩灣。「這裡叫兔子灣。」馬提亞斯說完笑了，他跟我說蘭薩羅特島民又被稱作「Los Conejeros」，意思是「兔子人」。從這裡能看見幾公里外突出海面的群岩，那是附近的阿萊格倫薩島（Alegranza island），馬提亞斯說起他在那座島上的冒險經歷。有一種稀有的海鷗在那裡繁衍。

我們到達據說有鎖陽生長的地點，那是一片沙質平原，散落著豬毛菜和栓果菊叢乾枯的骨架。我們扔下背包，目光緊盯沙地，一絲不苟搜查整片區域。頂著烈日搜索了幾個小時，閃閃發光的藍霧模糊了地平線。「那裡！」我們幾度大喊，然後才發現看見的只是灌木死去發黑的殘樁。岩石和樹枝也會矇騙我們，好比海市蜃樓。到處都看不到鎖陽的蹤影。我們怕錯過回家的末班船，只好放棄任務。失望的我們踏著塵土漫天的山路折返碼頭。回到油脂灣時，正好還來得及開一瓶啤酒，靜靜眺望夕陽沉入島後。

萬分期待卻沒能找到，實在很遺憾。船上每個人看起來都累了，馬提亞斯似乎一下子就沉沉睡去。但我望向大海，沒有絲毫睡意，心底惶惶不安，彷彿有什麼該做的事沒完成：起床後的棉被沒摺、誰的生日給忘了、一幅畫遲遲沒有動筆——但至少我多了個回來的理由。我看著一座島沒入我身後，又一座島浮現在我眼前。

那片陸地，我們以為是蘭薩羅特島海岸的延伸，實為格拉西奧薩小島……我們乘船勘查地形，小島圍出一個大海灣。沒有言語能表達一個博物學家此刻的心情，第一次踏足歐洲以外的陸地，多不勝數的事物分占他的注意力，他幾乎無法定義接收到的印象。每走一步，他都以為自己發現了新的造物。

洪堡，一七九九年。[27]

VI

周遊列國

日本

VI
周遊列國

日本

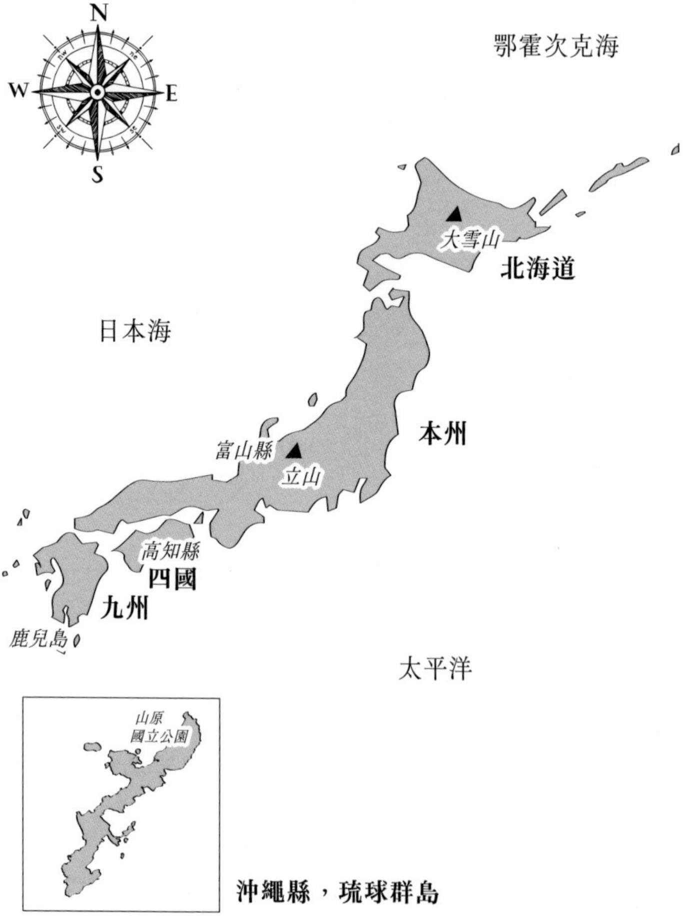
N
W
E
S
鄂霍次克海
大雪山
北海道
日本海
本州
富山縣
立山
高知縣
四國
九州
鹿兒島
太平洋
山原
國立公園
沖繩縣，琉球群島

短時間內見到這麼多自然美景，一時教人難以領受。

打開日本地圖，看到最上方那隻斜斜的魟魚嗎？那是北海道。順著魟魚鰭，從尖端的稚內市往南，到島中心偏左的旭川市，再往下一點到美瑛——座落在大片綠野間的宜人小鎮——然後慢慢往右。有沒有一團綠色？足足兩千兩百六十七平方公里，面積是曼哈頓的四十倍——那就是大雪山。再繼續往山中心移動，來到河流取代道路、棕熊出沒不受人類侵擾的地方。停。就是那裡。放大地圖細看，你就會看到我們：四名植物學者像螞蟻排成一列，向日本最廣袤的荒野深入挺進。

日本是全球三十六個「生物多樣性熱點」（biodiversity hotspot）之一——這些地方的面積只占全球陸地的百分之二，卻擁有超過地球半數的特有種植物。而日本，一個全球人口排名第十一位的國家，卻擁有豐富到令人詫異的植物相、大約六千個不同植物種。這得歸功於日本狹長的島弧，它跨越兩個植物區界：北部的泛北植物區（Boreal Kingdom）與南部的舊熱帶植物區（Paleotropical Kingdom）。生長在日本南部諸島的植物，受溫溼雨林浸潤，親緣關係與東南亞的植物相近；北部則與西伯利亞凍原森林的植物較接近。日本與亞洲大陸分離後，後者留下的植物遺產在島上單獨演化一千五百萬年，再加上特別的季風和火山環境——砰！這口大熔爐便演化出格外豐富多樣的植物相。

日本的自然之美，早在數百年前就迷倒世界各地的自然作家和植物學家。瑞典自然學者卡爾・彼得・鄧伯（Carl Peter Thunberg）留駐日本期間，用他的醫藥知識與當地通譯交換植物標本，[28]也有許多植物以他命名，最有名的大概就是熱帶植物鄧伯花屬（*Thunbergia*）。德國人菲力普・法蘭茲・馮・西伯德（Philipp Franz Balthasar von Siebold）除了是植物學者，也熱衷於蒐集日本植物，並自己興建植物園，在園內加以種植，據說就是他首先把玉簪屬（*Hosta*）引入歐洲花園。[29]俄羅斯植物學者卡爾・馬西莫維奇（Carl Johann Maximowicz）追隨前人腳步，也在日本命名多種植物。[30]英國牧師、作家兼登山家華特・韋斯頓（Walter Weston）出了名地著迷於日本地景，透過著作如《遠東樂園》（*The Playground of the Far East*），把日本阿爾卑斯山（即中部山嶽）介紹進入世人視野。[31]鄧伯和韋斯頓兩人都爲他們的遠征考察留下鮮活生動的紀錄。

我對日本對當地植物與人民的見聞，源於參與牛津大學植物園與當地植物學者合作進行的保育計畫。該計畫為期十年，目標是採集並儲存罕見種植物的種子、蒐集用於活體收藏或標本館的植物，以及開發測量植物群落內部物種豐富度（species richness）的方法。且容我們暫停片刻，想想最後一項目標：物種豐富度，聽起來好像很酷，但實際上是什麼意思呢？想像有一座森林，步行二十五分鐘可以穿越的大小，裡頭生長著多少種不同的植物？十種、二十種、五十種？就當有一百二十種吧（從本州北部一座森林取得的數字）。現在，再試想生長的是哪些物種——有沒有入侵種？特有種？甚至瀕臨絕種？我們能賦予每一種植物什麼價值？它們作為群落的集體價值又是什麼？如何在人口持續增長、環境變化快速的現代世界決定保護區的劃定順序？上述每一件事都很重要。

為何需要保育物種豐富的森林，原因很明顯，但又為什麼需要在標本館押製乾燥植物呢？幾世紀以來，植物學者一直在做這件事，一次一株乾燥植物，為全世界的植物建立檔案庫。以前，收藏乾燥標本可能單純是出於好奇或為了記錄；如今，植物標本館逐漸被認可為重要的寶庫，能幫助科學家理解地表植被如何因棲地破壞、氣候變遷、物種滅絕而改變。以前的植物學者，可能只是在特定時間、地點，蒐集他們感興趣的標本；但我們在日本的植被調查，是蒐集一個群落內**所有**植物的樣本——不管是大是小、常見或罕見。如此一來，我們將可以追蹤整個植物群落隨歲月的變化。

本章與我同行的是牛津大學哈考特植物園（Harcourt Arboretum）的館長班・瓊斯（Ben Jones）。我們將橫越三千公里的日本列島，從北部北海道的古北山區出發，往南通過本州中部與四國的闊葉林，再南下到琉球群島雲霧繚繞的亞熱帶雨林。我們在山中披荊斬棘、陷入沼澤、躲避火山噴發、逃離颱風，爲找尋植物穿越日本未知荒野的中心，周遊列國。

北海道

「熊先聽見人靠近，就不會攻擊人。」我們的東道主坂上教授解釋說。

我們微笑點頭——聽起來很有道理。

「但若是受到驚嚇，熊就會殺死你。」他接著說。

阨。「這裡以前有熊攻擊過人嗎？」我故作輕鬆地問。

「有，有。」他答得稀鬆平常，一面揮手驅趕頭上的一團飛蟲。於是我們在腰帶繫緊鈴鐺，避免突發意外；也在頭頂套上蚊帳，預防難以免除的威脅。然後叮噹作響地登上山徑。

我們今天要前往大雪山國立公園的中心，這是北海道最大的國家公園——地勢崎嶇的荒野，面積比幾個縣還大。我們將調查大麓山，一座尚未受到文明染指、偏遠的孤峰。東京大學的坂上教授和木村教授爲我們帶路。坂上教授個子高大，神情嚴肅，流露專家權威的氣息——幼童軍探險領隊的那種感覺；木村教授則話不多，舉止從容平和。我感覺他與自然的連結大過與人的交流，但無妨，我們共享普世相通的植物的語言，而且我們看到的數百種植物，木村教授沒有一種說不出名字。坂上教授和木村教授都穿得像一身軍裝，頭戴安全盔，器具齊全繫在腰間。山頂步道被竹子包圍，全被木村教授持開山刀劈開，左揮右砍，簡直是在開闢一條新路。

大麓山標高一四五九公尺，荒草茂密處難以攀登，我們不時得停下腳步。穿越紙張般乾薄的竹篷，風景豁然開朗，遠眺是一片針葉與落葉樹錯落、綠與黑交織的馬賽克圖，向上延展到手風琴般的藍色山巒線，直至沒入天空。將近山頂，山徑完全消失，我們撥開勾住蚊帳的竹葉奮力前進，攀上碎石岩簷，終於登上雄偉的稜線。霧霧藍藍、一望無垠的風景往我們四方展開，舉目不見道路或房屋。我們讚嘆了一會兒開闊的天空和積雪未消的藍色稜線，把手機小心放在岩塊上拍了張合照，然後才扔下背包，在剛猛的冷風以及發育矮小的薩哈林雲杉（*Picea glehnii*）中，動手採集及辨認我們發現的植物。

謝天謝地，下山輕鬆多了（路已經開好了），我們一路欣賞許多上山闢路時忽略的高山植物：日本鹿蹄草（*Pyrola japonica*）沿路開花，嚮導說這種植物可用於止血；簇生的白鈴蘭花（white bell），珍珠般垂掛在莖上；竹林下的矮樹叢中也長有許多小高山蘭花（little mountain orchid），包括一簇簇形似蜘蛛、略帶紫色的日本雙葉蘭（*Neottia nipponica*），以及一株我們不熟悉的千鳥粉蝶蘭（*Platanthera ophrydioides*）。比前兩者更茂盛生長的是斑葉芒尖掌裂蘭（*Dactylorhiza aristata forma punctata*），它有帶斑點的葉子和藕紫色的尖瓣花朵，樣子很像我在家鄉歐洲北部常見到的蘭花。周圍樹木高度及肩，藍色山頂在視線內時隱時現。斑爛樹影下，我們發現罕見的北極花（*Linnaea borealis*），它是忍冬花的近親，可見於亞寒帶和冷涼的溫帶森林。蘋果色的鈴鐺狀小花，懸在紅色的細莖頂端，方向朝下，成對生長。這種高山植物環繞極地生長，廣泛分布於地球邊緣；也可見於北美洲，從阿拉斯加到加州都有生長。我對我們的嚮導說，這種花在英國也有，只是很罕見，而且只見於蘇格蘭的原生松林，他們沉默點頭。即將回到步道盡頭前，我們注意到前方的異象：有一棵樹幾乎被黑色毛毛蟲浪潮吞沒，它們全縱向往樹幹上爬，個個有我手指粗，列隊形成一個變幻不定的巨大形體。不知道它們會化成哪一種蛾呢？我們抵達步道盡頭，準備重返文明，留下無數的動植物繼續它們的生活，它們再度擁有一座無人的山。

華特・韋斯頓，一九一八年。[32]

我們奮力爬上滑溜的花崗岩脊，白根山的三座雄峰從我們左方（西方）升起，近處是野呂川幽深的河谷裂口，流水低沉怒號，只是更顯四周靜寂。撥開粗糙的竹葉（笹）和矮小的冷杉，我們登上了杖立峠頂（七二〇〇英尺）。

＊＊＊

我們的森林旅館走農舍風。所謂農舍，意思是沒有家具，連一張椅子也沒有。坐是榻榻米，睡則是每人一套棉被，穿浴衣和木屐——話雖如此，我們難道還需要什麼嗎？行李放好後，我們在玄關換穿拖鞋，兩名身型嬌小的女將在玄關招呼我們，她們將在我們住宿期間掌管房務。晚餐，她們準備了精緻懷石料理，有黑色小碟子盛裝的多道菜餚和好幾碗「吸い物」（清湯），有醃蘿蔔片、各式葉菜，還有漬黃瓜、竹筍炊飯和一碗味噌湯。跋涉一天，我們都餓扁了，旺盛的食慾正合主人心意。她們鞠躬齊聲說完「請慢用」後，以為我們沒注意到，便手背摀嘴咯咯竊笑，好奇地偷眼看我們。

晚飯後，我和班在筆直的街道上散步，蟋蟀在粉彩畫般的淡粉色天空下唧唧鳴叫。與路平行的水溝裡長滿蘿摩（*Metaplexis japonica*）藤蔓，在傍晚宜人的空氣中飄散甜膩的氣味。這種植物在北海道丘陵地的森林周邊很常見，海星形狀的奇特髒粉色花朵，在綠色粗莖上生長成簇，向四面八方伸長。忽然，我瞥見一抹寶藍色閃過，乍看之下可能會誤以為是糖果紙（前提是日本街道有人亂丟垃圾，但並沒有）。我蹲下來近看，驚喜地發現是一隻大紫蛺蝶（***Sasakia charonda***）停在草上。我湊近欣賞，只稍加鼓勵，蝴蝶就爬上我的指尖，收攏翅膀，露出淺棕黃色帶大理石紋的底面。我們繼續漫步，一面揮趕頭上烏雲般的蚊蚋。路上經過一個老太太，雙手皺縮像蟹爪，臉孔黝黑滄桑。我們對她禮貌點頭，她興致勃勃招呼我們過去，異常堅持要我們兩人各拿一粒櫻桃。「吃呀！」她輕聲喊道，伸出飽經風霜的手，熱情地把水果往我們手裡塞。恭敬不如從命，我們各接過一個。而回到旅館我才發現，我腿上被蚊子咬的包有一輩子的額度那麼多。

> 適逢雨季，下山路上，我們頻頻被家蚊（*Culex irritans*）騷擾，入夜後尤其煩人，幾度讓人難以入睡。我們因此不得不購買一種多孔綠色布料當隔簾。在世界的這一面，處處都用這種東西抵禦這些吸血的小蟲。
>
> 鄧伯，一七七五年。[33]

＊＊＊

你去過沼地嗎？我指的不是繞著邊緣踉蹌幾步，也不是脖子上掛一副雙筒望遠鏡，悠哉走在木棧道上。不，我指的是大步走進沼澤，浸在水裡，

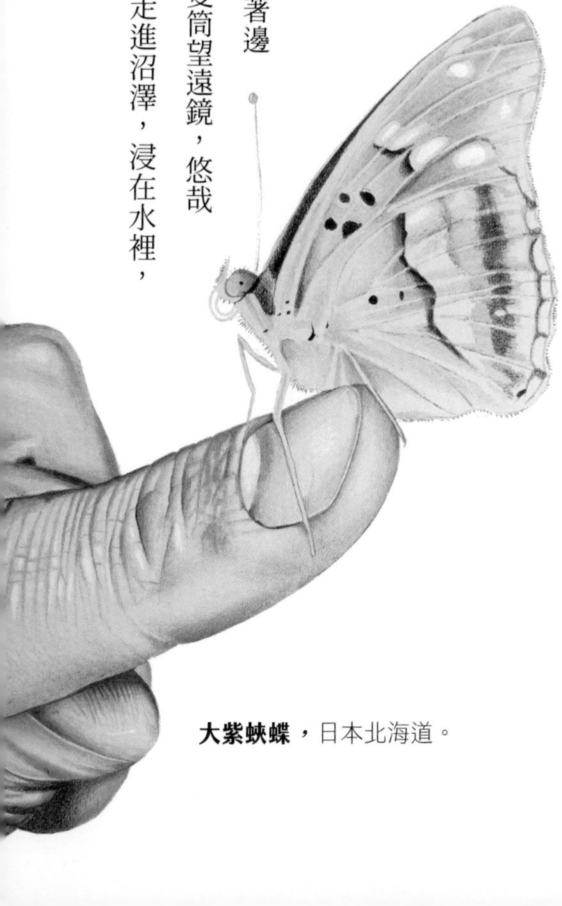

大紫蛺蝶，日本北海道。

被沼澤吞沒、啃咬。我能向你保證，心臟不夠強可做不到。

我們挑戰四輪驅動車的極限，顛簸、失速，再加速衝過虎杖（Japanese knotweed）結成的網，最後在黑森林中央拋錨熄火。希望萬一要逃的時候我們走得了。坂上教授和木村教授今天不知道從哪找來一名法國交換學生加入。她可能聽說加入我們的探勘行動，可以體驗「保育的實地工作」——有可能是爲了寫進履歷。我很好奇她知不知道地點是蚊蟲肆虐的沼澤。總之，她的日語流利得令人印象深刻，而且熱衷於協助調查工作。我們五人圍著後車廂，用油膩的防蚊液塗滿全身，互相協助固定蚊帳和頭盔。可即便穿上了護甲，才過幾分鐘，我還是被一隻馬蠅攻擊，上臂馬上腫起一塊發熱的粉色小丘。坂上教授從背包裡挖出一小罐綠色藥膏，有濃烈的草本香味，塗上後腫包才消了些。就在樟腦味和防蚊液的雲霧繚繞之中，我們向沼澤挺進。

讓障礙賽開始吧。

看不見的昆蟲尖叫驅趕我們，或竊竊私語，或嗚咽哀泣，此起彼落、此消彼長，嗚聲像不成調的小提琴逐漸增強。但聽不見聲音的才需要擔心。蟑螂大小的馬蠅赫然出現在我的手臂上，我一隻一隻拍掉，嘴角得意地笑。蜂斗菜（*Petasites japonicus*）長到我們的肩膀那麼高，葉子像顛倒的雨傘；蚊子彷彿海中的浮游生物，成群懸浮在半空中。我們往遺落之境愈陷愈深，液狀的黑土把我們的腳往下吸，我們正在被活活吞噬。**真的夠了！**三十分鐘後，我們大喊，再也受不了了。我們懷裡抱滿魔杖似的樹枝和還在滴水的葉子撤退，然後一把將枝葉扔進車裡，最後爬上車。六隻隨著我們被困進車裡的馬蠅，最後以衝撞儀表板的方式結束了生命。

回到農舍，我們把植物扔到桌上，開始辨識這一堆萎軟的東西。屋裡充滿泥土和溼蕨葉的芬芳。把小丘似的這堆植物都記錄到紙上後，我們外出探索周圍的森林。說是森林，實際上給人一種空闊矮灌木林地的感覺，俯望可見一片原野，被絲帶似的藍色山脈從天空中劃分出來。在凌亂的樹影下——可能有毛地黃（foxglove）生長的那種地方——我們發現日本大百合（*Cardiocrinum cordatum*），美麗的穗狀花序高至我們腰際。大百合就像一般常見觀賞用百合的「3XL」版本，綠色花莖堅韌，每根莖上都掛著六朵象牙白、透著萊姆綠色的喇叭狀花朵，光彩照人，各指著不同方向。我從沒在野外見過大百合——我想初嘗冰淇淋的孩子也是類似的心情吧。

＊＊＊

我們沿空知川向北，前往西達布的森林，計畫在那裡蒐集一種植物種子，這種植物在其他地方尚未被收藏或種植。我們離開一條空曠的長路，駛入一條顛簸、懸空的野徑，深深挺進未知的綠色中心。行跡隱匿的猛禽在我們頭頂上空嘎嘎叫。連綿幾公里的景色看起來都相同，但木村先生完全知道我們在哪裡。「這裡。」他用日文說，於是我們把車停妥，跳上野徑。空氣中瀰漫蕨葉、眞菌和小飛蟲的氣味。飛蟲像燧石一樣閃現光亮，新鮮樹葉如雪一般，爲萬物覆上一層柔軟的綠幔，不見一塊光裸的地面。

我們收拾好裝備，潛入蜂斗菜的汪洋，傘葉搖搖晃晃讓出一條路給我們。我們聽聞當地有民間故事說，妖精生物會拿蜂斗菜葉當傘。我能看出爲什麼：這一整片的蜂斗菜，投落在我們肩膀的影子像網，很是魔幻。纖細蒼白的樹木向天抽長，樹幹像矛一樣筆直。我們看不見林床，但腳底下感覺軟如海綿。從蜂斗菜海上岸後，我們來到森林的眞正深處，地面黑而光禿，宛如深海平原，只有稀疏朦朧的光柱從樹頂篩落。這裡很潮溼，給人幽閉恐懼的感覺。就是這裡——我們需要探索的地方就是這裡，他們說。

誰管花謝花開，簷前栗樹。*

松尾芭蕉，一六六四至一六九四年間。[34]

這麼廣袤的內陸，每一平方公里都長得很像，木村教授卻知道這種植物確切的生長地點，著實不可思議。他打住腳步，指著地面。這裡，就在藤蔓從暗處盤繞而下的地方，伏貼在地上的正是我們要找的植物：黃筒花（***Phacellanthus tubiflorus***）。要是沒有木村教授，我們找到它的機率微乎其微，因為每一個圓頂花簇都比一顆李子還小，而且似乎全被吸附在森林裡的這個點。我們蹲下來細看這些從藤蔓根部散裂開來的奇特白色小傢伙，有十來根開了花，每個都有帶鱗片的莖和露出牙齒的花，在落葉堆間對我們扮鬼臉。我也對著它們笑。它們或許不符合大眾印象中的美，但不論昨天、今天或明天，比起肥碩垂

＊譯註：原文：「世の人の見付ぬ花や軒の栗。」譯文引用自鄭清茂譯注，《奧之細道：芭蕉之奧羽北陸行腳》（臺北：聯經出版，2011），頁48。

蜂斗菜，日本北海道，大雪山森林。

軟的大百合，我更願意看到這些小花！我們從找到的植株裡挑出最成熟的樣本，從肉質的莖上切下來，希望它含有可用的果實，能收藏進種子庫。沿林徑再往前走，我們做了另一次植被調查，以求完整。這附近沒有田野調查站，我們退而求其次，把車子改造成臨時的標本館，還算堪用。我們像切葉蟻一樣魚貫走進森林，

在大雪山森林進行田野調查，日本北海道。

採下植物片段，然後貼放在車蓋上。各種各樣的葉子形狀——鋸齒狀邊緣的圓形、三角形、鑽石形——排在一起，看起來像一幅未完成的奇特拼圖。不到一小時，我們已經記錄到至少五十個植物種。

我們的下一站位於大雪山山區邊緣，但感覺一樣荒遠。我們在竹林間闢出一條路，鑽進幽黑神祕的沼澤森林。泥濘的林床上，烏黑的樹枝倒伏成鹿角形狀，巨大的蕨類植物從其間噴湧而出。我們很快又記錄到另一種蝴蝶蘭（我忘記數到第幾種了），名爲高山粉蝶蘭（***Platanthera sachalinensis***），嚮導則在附近指出一株高大的遼東楤木（***Aralia elata***）。或許讓人難以置信，但它和常春藤屬有親緣關係，魔杖般粗壯的樹枝，長滿鑽石般熠熠生輝的綠葉。又走幾步，不遠處的草叢間伸出桿子似的天南星屬。在這個幽暗、黏稠的地方，萬物都顯得肥沃。木村教授還發現一株別名「海鷗藤」（カモメヅル）的鎮江白前（***Vincetoxicum sublanceolatum***），綠色小花看上去不像海鷗，倒像海星。總之很漂亮。

離開大雪山前往旭川市前，我們還有一樣東西想看——幽靈，更確切來說，是「幽靈蘭」（無葉上鬚蘭，***Epipogium aphyllum***）。這種植物雖以族群分布零星著稱，整個物種的

尋找**幽靈蘭**，日本北海道。

高山粉蝶蘭，日本北海道，大雪山。

生存範圍卻遍及全球；而在不列顛更是出了名的罕見，甚至曾好幾次被宣布絕種，卻又飄忽現蹤，出現地點往往在山毛櫸（beech）和藍鈴花（bluebell）生長的樹林，周圍是古色古香的英格蘭小鎮綠地，有板球的擊球聲、鼓掌聲、歡呼聲那樣的場景。我從前有一段時間住在泰晤士河畔亨利（Henley-on-Thames），周圍的樹林曾是幽靈蘭的據點。每年我都會走入樹林去找，卻始終無緣得見，見過的人也很少；但顯然在日本，幽靈蘭在全然不同的環境作祟……因為我們的嚮導正忙著戴上深綠色橡膠手套和防水高筒膠靴，一副即將操作核子反應爐的樣子，不是什麼好兆頭。

就這樣，我們一行四人，有的一身能對抗輻射線的裝備，有的一身林間散步打扮，起步走進綠林。領頭的木村教授不得不揮刀開路才能走進雜草叢生、無路可走的地方——這也不是第一次了。長草細莖，錯織成粗糙的帷幕，在我們頭上連成一線晃動，我們一一劈開。穿過這些隧道後，才發現這座森林並不像我擔心的那樣難以通行；開闊的林床上，散落巨大礫岩和竹屑，彷彿曾有河川流過。地形雖然崎嶇，但還不是我們這星期遇過最難走的。我們三不五時得撐起身體爬上岩石，停下來互相拉一把。我看見一隻剛羽化的白蝴蝶攀在樹枝上，腹部飽滿，飛濺著幾滴紅斑。碎散的光束呈斜線穿透林冠，照亮我們腳邊枯葉蜷曲的邊緣；有塵土在光中飛揚。我現在明白幽靈蘭爲什麼會生長在這裡了，因爲這個地方與它在英國的棲地，差異其實不算太大。給這種植物起名叫「幽靈蘭」的是植物學家雷克斯・葛瑞漢（Rex Graham）和大衛・麥克林托克（David McClintock），他們在近九千公里遠外的地方，驚訝於這種蘭花在變換的光影下，如同鏡影一般，像極了凋零的山毛櫸葉。[35] 木村教授叫它「トラキチラン」（Torakichiran，直譯爲虎吉蘭），不知道在這裡是否也是幽靈的意思。

約二十分鐘後，我們來到一條布滿岩石的溪流，溪中溢塞竹子碎片。我就是在那裡看到的，木村教授指著對岸說。我們有充分的理由相信他——他到目前還沒有一次說錯。但尋找幽靈的問題是，幽靈形影飄忽——它們會躲著你、嘲弄你——，你一眨眼以爲看見了，它又在詭譎變幻的光影下消失不見。看樣子它們在日本也和在泰晤士河畔亨利一樣捉摸不定。我們翻遍這片區域，踢起枯葉、撥開樹枝，盯著地面，一絲不苟，卻始終連個影子都沒見到。半小時後，我們宣告投降，返回旅館。我很失望，但又異常安心：要是那麼容易被找到，它也不會叫幽靈蘭，不是嗎？

有安積山，離街不遠。此地多沼澤。花菖蒲採割季節已近，詢於人：「何草為花菖蒲？」然竟無知之者。尋覓沼畔，逢人便問：「花菖蒲花菖蒲？」不覺斜陽已掛山巔矣。*

松尾芭蕉，一六四四至一六九四年間。[36]

本州

你們來的時機正好，我們的東道主熱切地說。頂著上午炎熱的太陽，我們互相鞠躬問候。富山縣中央植物園的園長中田先生五十來歲，個子不高，穿著紳士、得體的西裝，相貌聰穎。植物學者後藤先生戴著厚眼鏡，表情流露出好奇。「請，請！」他們一邊說，一邊領我們走進植物園的「日光大廳」。走進去的瞬間，迎接我們的卻是一陣刺眼強光。

* 譯註：譯文引用自鄭清茂譯注，《奧之細道：芭蕉之奧羽北陸行腳》，頁51-52。提到的植物「花菖蒲」原文「katsumi」，按鄭清茂先生注解，最早見於日本古籍《萬葉集》，但自古以來是何種植物，眾說紛紜，有說是菰（茭白），也有說是菖蒲，所以松尾芭蕉才會逢人就問。

好不容易適應之後，眼前等待我們的景象令人驚奇：大廳是一座活生生的森林，擺滿好幾排長木桌，天藍色桌布垂下桌沿，構成數百株盆栽樹的舞臺。盆栽粗糙多瘤的矮樹幹大約有腳踝粗，扭轉著長出黑色小花盆；盆子正面有鑲金的日文字。這些樹此刻像被蓬鬆雲朵罩住似的，開滿粉、白、桃色的花朵，在廳內各處形成粉彩色小爆炸。「皋月杜鵑（*Satsuki azaleas*，栽培種，非學名）！」我們的主人笑逐顏開，喜孜孜喊道。他們解釋說，這些杜鵑有的世代相傳，已經有幾百年歷史了；同時也傷感表示，下一代不懂得怎麼照顧。他們不斷感慨：「他們沒興趣，沒人感興趣。」我們還在思索這些話，人已經被帶往大廳角落去看「烏龜」——原來是一株盆栽山藥，莖的基部有個六角形木質隆起，難怪他們笑稱是烏龜，長得確實很像。

下午，我們換上西裝。其實我覺得下飛機後應該換上睡衣才對，但睡覺是想都不用想的，因爲我們有重要會議必須出席。這個下午，我們被安排與富山縣知事石井先生會面。聽說這場會面是非公開的小活動，目的是爲慶賀富山縣植物園與我們當地植物園的交流合作。我們在奶油色的縣府大樓前停車，大樓有成排的黑色窗戶，俯瞰下方修剪成圓球的造景植物。口譯員是個二十多歲的青年，領我們走進一間偌大的等候室。白色的皮沙發高度很低，我們陷坐進去，邊喝冰綠茶，邊禮貌寒暄。過了十五分鐘，我們被帶進另一間裝潢一模一樣的等候室，頂多空間大了些，相同的等待程序則重複上演。之後又移動到第三間。再到了第四間。沙發已經是特大雙人床尺寸，我們喝下的綠茶也已經多到堪憂。現在可以見縣知事了，一位穿著得宜的嬌小女士微笑對我們說。縣知事辦公室相當氣派，我們魚貫而入，鞠躬就座。所謂與縣知事的非公開小活動，是由縣知事在中央發表演說，內容經口譯官翻譯；另有三十名記者當觀眾，人人都穿著剪裁合身的白襯衫黑西裝，在一公尺外連按快門與閃光燈。經過簡短的電視訪問，又在辦公室外拍了十六張大合照後，我們急急忙忙趕回旅館解放快脹破的膀胱，一千下閃光燈留下的殘影還印在眼簾。

＊＊＊

今早，嚮導爲我們規畫了參觀植物園的行程。牛津大學日本事務所主任艾莉森・比勒（**Alison Beale**）也加入我們的行列。艾莉森很有語言天賦，之前曾在英國文化協會從事國際關係工作，大半生都待在日本。她居中爲我們的交談翻譯，途中不時停下詢問植物的細節。我們坐在中田先生的辦公室，他從書架上抽下一冊又一冊厚重的藏書，我們一邊喝綠茶，一邊暢懷聊著書上描繪的日本豐富植物相。

參觀開始前，首先得找到查理。查理（我們一直沒能得知他的日文名字）個子很高，膚色黝黑，經常斜張著嘴角露齒一笑。他是植物園的管理者，也是天賦異稟的園丁，統治這片玻璃溫室王國；王國裡有千只花盆、水缸和一籃又一籃的植物寶藏。他準時現身在日光大廳的一個幽暗角落，帶著他的三味線。出發前，他堅持爲我們迅速吟唱一曲日本民謠。唱罷，他鞠了個躬，我們便魚貫坐進一輛電動四輪越野車。怪的是，明明車上空間充足，查理仍選擇騎著比自己身形還小一號的單車，踩著踏板慢慢跟著我們。

出發不久，我們就看見第一株感興趣的植物：水晶蘭（*Monotropastrum humile*），一種白得像幽靈、沒有葉子的植物。每根莖各自支撐一朵點著頭的花，花朵看起來像極了小馬的頭。我們沿路看到好幾群水晶蘭推開落葉冒出頭。它是寄生植物，但與列當和肉蓯蓉不同，後兩者是從其他植物根部吸取養分，水晶蘭則是仰賴一種眞菌。我們還聊到水晶蘭的種子透過蟑螂傳播這件事，是如何被日本學者意外發現的。在世界其他地方的森林裡，也有與水晶蘭同樣奇特的近親，例如太平洋西北地區的枴杖糖花（*Allotropa virgata*），花穗順著莖冒出落葉堆，樣子像極了紅白條紋的枴杖糖。

接下來，越野車滑行到一座大湖邊，湖畔綴有日本的原生植物玉蟬花（*Iris ensata*）；紫黃晶色澤的絲柔花瓣在纖長的莖上展開，莖看起來弱不禁風，令人懷疑怎能支撐住花朵。我好奇這座湖的起源，又不希望問太多讓嚮導厭煩，於是用班示範給我看的手機翻譯程式，嘗試翻譯旅遊手冊上的日文。按手冊介紹，這地方能「欣賞、學習、享受」的事物很多。我掃描手冊的這個段落，發現翻譯品質良莠不齊，比方說，在諸多「可能對其他遊客造成不便的物品」之中，居然有一項寫的是「未經允許射擊他人」。

＊＊＊

立山，標高三〇一五公尺，是日本三大靈山之一，又有日本阿爾卑斯山的別名。我們今天參加導覽團，探索室堂高原（位於海拔二四五〇公尺處）下方低坡處的高山植物相。我們部分路段走的是禁止私家車通行的阿爾卑斯路線，路上除了指定的巴士以外，只見到我們的車。我們蜿蜒駛上森林茂密而寂靜的陡峭山丘，在斑斑點點的萊姆綠色樹蔭下停車。空氣芬芳可口，清新涼爽，一如雨後的樹林。我們漫步走在路邊，抬頭望向林冠，觀察樹葉，或蹲下查看路邊的草叢。高聳的日本柳杉（*Cryptomeria japonica*）樹下，長了許多山路邊常見的野花。我們圍著一棵高大、古老的雪松樣本拍下合照，齊聲誦念「はい、はい、はい（hai）」。嚮導指向日本柳杉之間一片被封鎖的森林，那裡上星期發生過熊襲擊人的事件；這是這裡的日常，儘管熊其實會躲著人。有幾年，日本全國各地發生的山友遇襲事件超過百起，立山的徒步登山客尤其被建議提高警覺。「有辦法趕走熊嗎？」我問。一名團員聞言，在後車廂的物資裡翻找起來。我以爲他會抽出一把武士刀什麼的，但出現的是一枚小鈴鐺。他們大概察覺我們的一頭霧水，立刻解釋說，熊鈴是警告熊附近有登山客、避免人熊衝突的最佳辦法。

這一帶以及其他藩，多有日本柳杉大量生長，但可能沒有其他地方比這裡的更美、更多……此刻我們離開這個美麗的地點，繼續下山的旅程。途中我未忘勤奮不懈地在路邊生長的植物和樹叢間，尋找花朵，蒐集種子。

鄧伯，一七七五年。[37]

我們響著鈴鐺走在路上，空氣逐漸盈滿野生木蘭花香。日本厚樸（*Magnolia obovata*）軟塌的大葉子有餐盤那麼大，看上去經常被用來包裹食物；碗狀的白花同樣令人眼睛一亮。放眼望去，到處是奇花異草：花楷槭（*Acer ukurunduense*）像纖弱的梧桐樹，在我們頭頂上開枝散葉，樹枝如羽毛輕輕搖晃；這些枝葉下方，是一球球草莓冰淇淋似的粉紅色錦帶花（*Weigela hortensis*）；最低一層，則是一片紫萁（*Osmunda japonica*），緊握拳頭似的，從灌木叢中伸出肉桂色、產孢子的蕨葉。在這片植物寶藏外幾公尺，意想不到的發現在腳邊現蹤：是一株罕見的銀蘭（*Cephalanthera erecta*），小小的白色花朵像一群小天鵝圍繞著莖。以往我看到銀蘭，多半是在白堊林地或低地，很少是在黏土質土壤的茂密森林樹叢間。

我們在海拔一四〇〇公尺處再度停車。融化的雪水流滿路緣，在稻草色的潮溼土堆周圍積成水窪；木賊的幼芽像蘆筍一樣拔地抽長。我們吧唧吧唧踏著積水走在水窪邊緣，嚮導忽然咧嘴一笑，指向一片植物——只聽名字你絕對難以想像，但那是我在日本見過最美的植物：白臭菘（*Lysichiton camtschatcensis*）。是的，臭菘，名字源自它的遠親西方臭菘（*Lysichiton americanus*），它的花朵散發惡臭，更符合這個名字。日本人稱這種植物叫「ミズバショウ（mizubashō）」，意思是「水芭蕉」，我覺得更合適一些——但反正，玫瑰換個名字也……。* 地上盛開的花大約有十來朵，絲緞般的佛焰苞各自包裹著黃色棍狀的肉穗花序，每一朵都美得出淤泥而不染。我們蹲下來欣賞，緩緩挪動姿勢拍照。

儘管看到了水芭蕉，我們也想不到接下來還有什麼在等著我們。一條陡峭窄道把我們領進一幅宛如古畫的山景：細瘦無葉的柳葉木蘭（***Magnolia salicifolia***）拱立於眾人頭頂，枝頭稀疏點綴大花，彷彿白絲帶繫在樹上，又與白花繡球扇般的葉交織成映；粉紅杜鵑（***Rhododendron albrechtii***）的花朵紛落其間，看上去就像一團一團草莓和香草冰淇淋。這些花葉框出的是一幅無與倫比的風景：廣袤的森林如同一面綠牆，白雪縱橫覆蓋的黑岩峰陡然從中升起，稱名瀑布（Shōmyō Falls）從山巔落向雲霧之間。「すごい（**sugoi**）！」嚮導發出驚呼——「太美妙了！」我們在這個夢幻仙境待了大半個小時，才沿陡峭小徑迂迴返回原路，途中還看到粉色雪鈴（***Soldanella sp.***）花朵堅毅地冒出地面。短時間內見到這麼多自

＊ 譯註：作者引用莎士比亞名劇《羅密歐與茱麗葉》，原句為「玫瑰換了名字也不改其芬芳」（A rose by any other name would smell as sweet），但這裡的植物是臭的，所以句子只說了一半。

柳葉木蘭，日本本州，立山。

然美景，一時教人難以領受。我們強抑內心的感動，各自無話，繼續攀登室堂高原。

崖高谷深，越過邊緣望去，是一座森林繁茂的巨大環形劇場。遠處位於稱名川源頭的一道瀑布，在這舞臺中央向下三段飛躍，陡落千丈。

華特・韋斯頓，於立山，一九一八年。[38]

繼續前往海拔一五〇〇公尺。進入高海拔地帶後，景觀驟然改變，植被稀疏很多。道路兩旁聳立高大的三角尖峰，彷彿披著黑白迷彩服。不久，我們進入一座無可比擬的峽谷「雪の大谷」，即大雪谷，像隧道一般穿越或許是世界上最厚的積雪。我們沒入兩道白牆之間，感覺像是鑽進了冰河。雪牆高可達二十公尺，即使到了初夏鏟路過後，也還有十六公尺，高度超過五層樓。來到這座藍白色深谷的另一頭，積雪消退，顯露出我們的目的地：標高二四一〇公尺的火山高原「室堂高原」，這裡也是計畫攻頂「日本屋脊」的登山者基地營，人來人往很是熱鬧。大群穿戴登山裝備的日本遊客到處在岩石、建築和車輛旁，對著手機、相機，笑嘻嘻比出「耶」的手勢。我們戴上墨鏡保護眼睛，避免雪地眩光，然後徒步往溫泉移動，準備去吃午餐。小徑上牽著繩索，切穿覆蓋高原的蓊鬱高山草原。走了一小會兒，我們經過御廚之湖（みくりが池，**mikurigaike**），這座注滿火山口的靜謐湖泊，鏡子般完美倒映出四周的山峰，山頂白色的鋸齒形狀靜靜漂浮在平靜無波的藍色湖面。我們繼續前進，左側的地面陡然下陷——我們來到「地獄谷」了。縷縷蒸氣和火山氣體湧出裂隙，往裡看彷彿望進冥界深淵。

在溫泉區用過午餐後，我們登上山谷上方的高山草原。清冷的藍天襯著草原，天空布滿雲氣，照出雪花點點。深綠色的灌木叢大概和我的腳踝同高，矮而茂密。這裡夏季很短，植物生存條件嚴苛。我們在雪融處看到片片綻放的水仙銀蓮花（***Anemone narcissiflora***），一行人全湊過去欣賞。隨後我們便動身下山，返回室堂基地營——氣溫愈來愈冷，而且大家都累了。我們小心走在碎石坡上，閒聊至今看到的所有美麗植物。

這時，奇妙的事發生了。從地獄谷深處飛出一隻大「雷鳥」（**rock ptarmigan**），撲了撲翅膀後，停在我們腳邊。像獅鷲一樣毛茸茸的白色腳爪抓住一節老樹樁，歪頭凝望遠方的群山，似乎全然沒注意到我們。它翅翼上的棕斑和白斑是活生生的迷彩裝——只要不動，就能消失在融雪的背景裡。忽然一陣騷動，雷鳥又消失了，徒留我們納悶「剛才眞的有隻鳥在那裡嗎」。

但浪漫幽谷的超凡之美，超越此前我在日本阿爾卑斯山脈所見的一切……迷人景色接二連三如萬花筒般連綿不斷。壯麗的深淵是主要特色，狹窄的岩石隘口間不時露出碧綠的深潭；岩魚棲息其中，一潭美過一潭。

華特・韋斯頓，一九一八年。[39]

＊＊＊

有株半夏（*Pinellia sp.*）寶寶在停車場邊緣盯著我瞧。我們的車隊輾過碎石，嘎吱停下，車門滑開又關上。我晃過去看。我說寶寶，是因爲它粉綠色連帽似的佛焰苞還沒有我的拇指大，嘴裡吐出長而閃亮、老鼠尾巴似的舌頭——它的肉穗花序。我看進它巧克力色的內部，掩不住笑意。我從來沒在野外看過半夏，今天才剛出發就在停車場見到了，看

半夏，日本本州，
宮川町洞（Miyagawachōhora）。

來今天會是個好日子。

宮川町洞一座偏遠的雨林，是我們今天調查工作的目標。氣象預警的熱浪已經高達悶溼難耐的攝氏三十五度。幾位嚮導各個裹著毛巾，不斷發出哀嚎：「好熱，也太熱了吧！」我們在林間小路上緩慢前進，或拿葉子、或拿寫字夾板給自己搧風——令我想不通的是，還有個人拿的是塑膠砧板。然後我們圍著一堆背包，開始調查面前升起的植被牆。在這片杳無人跡的廣闊荒野裡，每一種維管束植物都需要蒐集一個樣本。我們心知工作不會輕鬆，不過好在我們有七個人，還有一整天的時間。

簡單討論工作分配後，我們散開行動，目光緊盯地面，像一支刑事鑑定或法醫團隊。森林嘶嘶作響，喧鬧又悶熱的環境，讓這片雨林感覺不像溫帶林，更像是熱帶林，而且這地方爬滿了蟲。我注意到一隻亮眼的蝴蝶，奶油黃配上黑色，停在葉子上動也不動。沒時間停下欣賞，我推開紫藤（wisteria vine）垂落的簾幕，繼續前進。我很熟悉紫藤在典雅英國鄉村花園的樣子，但換到原生森林裡，植物都成了不一樣的東西：它像條粗壯的灰蟒盤繞樹幹，伸縮在樹枝之間，嘶吐蛇信。我看不見它開的花，大概是長在遠高於我

溫帶雨林中的**紫藤**，
日本本州，宮川町洞。

們頭頂的林冠間。我擦掉額頭上的汗，要往更陰暗的地方走，一抬頭竟和一隻黑黃相間的大蜘蛛打了個照面。

我們三不五時會相遇（因爲必須各自開路），互相嚇一大跳，然後比較手中抱著的一大把葉子。我在樹林繚亂的邊緣附近，遇到一株卵唇粉蝶蘭（*Platanthera minor*），日語稱作「大葉蜻蛉草」，聽上去很美，只不過比起蝴蝶或蜻蜓，它形狀奇特的白花看起來更像小小的白鴿。約莫一小時後，我們把採回的樣本聚成一堆、塞進塑膠袋，運回去鑑定。我們熱得發昏，滿身大汗，帶著一身交錯的刮傷，拖著腳步回到山屋。路上我問嚮導，剛才路邊有種我不認得的植物的名字，它有屬於蘭科植物的蓮座狀葉叢，還有尖穗狀排列、蜘蛛似的綠色小花。他們馬上認出是芒蘭（*Metanarthecium luteoviride*），一種原生於日本、朝鮮和庫頁島上潮溼森林裡的罕見物種。我們在附近還看到野玉簪（wild hosta）和淫羊藿（**epimedium**），就像有人把一整座英國花園全給種到日本的荒野裡來了。

幸好山屋有冷氣。我們脫掉鞋子，把袋子擱到長板桌上。當其他人嚼著飯糰、啜飲冰綠茶的時候，我在山屋東張西望。這地方眞算得上是一座迷你自然史博物館了，動物

芒蘭樣本，
蒐集於日本本州宮川町洞的溫帶雨林。

標本在玻璃櫥窗內作勢咆哮，一隻胖呼呼的灰蛙在明顯過小的飼養槽底部茫然注視虛空。

涼快了又吃飽了，我們動手鑑定起樣本。抓起底部把塑膠袋倒過來，枝葉像水流一樣傾瀉在桌上，還順便倒出幾隻蟋蟀蚱蜢，它們不是跳開就是一溜煙躲起來；我們還在樣本堆裡發現一隻小毛蟲，樣子像極了一截樹枝。有些植物被我們重複採集多次，這些都被標爲「同じ」，意思是「相同」，然後另外掃成一堆，剩下的則留待逐一觀察。我們仔細檢視葉形、絨毛與其他各項特徵。其中一位嚮導大原先生，堪稱是日本植物的活圖鑑，他很有耐心，誰鑑定正確了，就

處理在日本本州宮川町洞的溫帶雨林採集到的樣本。

會大方點頭微笑；若判斷錯了，他也只會略顯疑惑地看著植物，客氣問說會不會是另外一種呢？每一次他都是對的，沒有哪一個樣本他叫不出名字。鑑定分類後的植物被夾在報紙間堆疊起來，再用紙板和繩子綁成一捆，準備送回牛津大學標本館。好不容易完成後，整個地方像被人用植物炸彈轟炸過似的，甚至有植物碎屑岔出我們的頭髮。我們盡可能打掃乾淨，嘴上不住低聲對山屋管理人道歉；他們一臉凝重地點頭看著我們跨出門檻，從這間涼爽的避難所回到嘶嘶作響的荒野。

下午，我們被帶往附近的沼地檢視水生植物。經過橘色的堤防，韓氏烏毛蕨（*Blechnum nipponicum*）遍灑於堤岸；滿是竹子的溝渠裡冒出一根矮壯帶黑綠大理石紋的莖，那是細齒南星（*Arisaema serratum* var. *serratum*），莖頂是一球卵泡似的、尚未成熟的綠色果實。我們走出林冠封閉的森林，來到湖畔一片開闊、蓊鬱的綠茵草地，沿湖長滿莎草科的橫斑太藺（*Schoenoplectus tabernaemontani*）。我們還在水邊看到罕見的關西萍蓬草（*Nuphar saikokuensis*），花朵酷似毛茛，在二〇一五年才被鑑別爲新物種；湖周圍隱蔽的角落裡，聖潔的蓮花低垂絲質大葉。最驚喜的是，我們在返回車子的路上發現一片綬草（*Spiranthes sinensis*）探出草叢，樣子就像我在歐洲北部熟悉的白花型態，只是這裡的顏色更繽紛：小巧玲瓏的嫣紅色花朵像迷你階梯似的，繞著垂直的莖三百六十度螺旋上升。

回富山的路上，我們繞道去看一種奇特罕見的植物，是午餐時候聊到的，嚮導見我聽了那麼興奮，慷慨答應帶我去看。我們把車停在路邊，然後爭相爬上路緣，低頭撥開蘆葦，目光在沼地上逡巡搜索。一條細流順著堤岸流下，地面長了水藻，綠油油的，正是我們要找的那種植物的理想生長環境。果不其然，就在我們下方、距離路面幾公尺處，六株東海茅膏菜（*Drosera tokaiensis*）現出蹤影。它們的葉子形狀像槳，小而貼地，排列成蓮座狀葉叢在地面上反折，紅寶石色的觸手彷彿沾著露珠，閃閃發光。他們說，這條路邊是這種植物在日本分布最北的地點。觀察生長在自然棲地的食蟲植物，以此結束一天的植物調查，沒有比這更好的方式了。

蓮花，於多處均生長在水中，因其美麗的外觀，被視為聖潔的植物，為神佛所喜愛。佛坐蓮葉的圖像時常可見。

鄧伯，一七七五年。[40]

淫羊藿樣本，
蒐集於日本本州宮川町洞的溫帶雨林。

＊＊＊

「來，酸梅。」大原先生笑著說，「治頭痛。」他遞給我一個小便當盒，裝著鹽漬蜜李。他知道我們一群人昨晚出去為這一星期的調查作業慶功。不曉得他知不知道，我昨晚在卡拉OK和查理槓上了，交杯酣戰到凌晨；總之他大概認為我今早不在最佳狀態。他開車載我去植物園，我們在停車場與後藤先生碰面，三人一起前往神通川河岸。我們從橋上看見許多漁夫頭戴斗笠，拋擲長竿，河水滿至他們的肩膀。「香魚。」後藤先生說，我不解地希望聽到進一步解釋，但他只是斷然點頭又說了一遍。後來我才知道，香魚是一種河魚，是附近一帶餐館的美味佳餚。路蜿蜒下到河邊，我們把車停在長滿草的河岸，天空雲絮低沉。我勉為其難地嚼著酸梅，到目前還感覺不到對緩解頭痛有什麼幫助。

我的兩個嚮導非常好心，願意犧牲週六早晨的時光，帶我來這裡尋找罕見的列當（*Orobanche coerulescens*）。我們三人沿著河岸的礫石小路緩慢推進，仔細琢磨沿路看到的植物。我的上衣汗溼，黏在胸前，汗水在背上流淌。不管我有沒有宿醉，今天的神通川

神通川河岸的**女郎蜘蛛**，日本本州。

河岸都熱得不像話。後藤先生拿了一條藍色毛巾纏在頭上，當作頭巾。

出發沒多久，我們就看到幾叢開著橘花的萱草（daylily），和常見於歐洲花園的形態一樣，只是現在長在平原上。帶褶紋的葉子間，躲了一隻挺大的蜘蛛，背上有黃蜂般的不祥斑紋。嚮導向我保證，這位「女郎」（Jorō）——他們這麼稱呼那隻蜘蛛——是無害的。但不管怎麼說，我今天都沒有心情被毒咬一口，所以還是對她敬而遠之。

約半個小時後，大原先生宣布「列當狩獵季」現在開始。於是，我們三人從小路上散開，專心搜索地面。興奮的是，才沒幾分鐘，我們就瞧見了挺立於草叢和艾草（**wormwood**）之間的列當。

高約三十公分，黃褐色的粗莖披覆白毛，頂部是紫羅蘭色的管狀花簇。我們四肢著地，跪趴著細看此行的戰利品。「哇！」兩位嚮導異口同聲讚嘆。我們挑出一株合適的，當作證據標本（**voucher specimen**），另外又挑了一株結了果的，因爲後藤先生想回去用培養皿試種看看。我拍了照片，畫下植物素描，頂著驕陽享受與它們爲伍的時光；偶爾會有一陣風從幾公里外的日本海吹來。我的頭痛已經消失，可能是託發現列當之福，也可能是酸梅終於奏效。

> 宿醉未消，然見櫻花盛放，亦又何妨？
>
> 松尾芭蕉，一六七〇至一六七九年間。[41]

＊＊＊

後藤先生和大原先生邀請我們一起參加富山縣的水橋橋祭。他們說，這個祭典可追

位於神通川畔的**列當**，日本本州。

溯到一八六九年，當時是爲慶祝橫越白岩川的東西橋落成。我們抵達會場附近，加入路上一長串尋找停車位的汽車行列，但停車位是不存在的。我們最後把車扔在小巷子裡，隨人群徒步走上白岩川悶熱的河岸。我和班在這裡看來格格不入，不光因爲只有我們是西方臉孔，也因爲參與祭典的民衆大多穿上了講究的傳統日本服飾。或許就因如此，大家才總對我們行注目禮吧。大原先生身穿典雅的香草色浴衣，繫黑腰帶。年輕男子多穿緞面的黑色浴衣，女孩子穿的則是五顏六色的棉質浴衣，腰帶在背後繫成複雜的結，髮上插著花簪。我感覺自己彷彿踏入十八世紀的浮世繪中。沿河兩岸，張掛了長串或紅或白的紙燈籠和彩帶，彩帶在風中搖曳扭轉，燈籠在低矮的灰幕前幽幽放光。空氣中有夏日黃昏的青草香。

終於，繽紛繚亂的遊人停下腳步，步入定位。我們發現自己來到橋中央。人人都看向上游，一個方形小平臺已經順流而下。如同周圍所有東西（包括一艘半沉的釣船），臺子上也張掛發光的紙燈籠，看起來歪向一邊，但似乎沒人在意。兩旁的人笑著告訴我們，「火流」（火流し，hinagashi）要開始了。接下來的景象確實特別：千盞方盒似的紙燈籠繫著「許願籤」，在臺上被點亮後放入白岩川，順水流出海灣。夢幻迷魅的美景，讓所有人都看得入迷。夜幕降臨，我們傍著偌大的黃色「赤提燈」，在溼溽的暑氣中邊喝啤酒，邊吃烤雞肉串。祭典結束後，後藤先生帶我們去附近神社參訪。我們遵照指引，往賽錢箱投入硬幣，拉著粗繩搖響鈴鐺，拍手後深深鞠躬。閒晃回車子的路上，最後一批燈籠仍像一河星子，順著幽黑流水閃爍發光。

一場特別的晚宴預計在富山市舉行，爲的是慶祝我們兩地植物園的重要合作，這是我們慷慨的嚮導安排的衆多活動之一。我們脫掉鞋子，魚貫走上懷石料理餐廳的階梯，走進紙窗隔間的包廂，圍著一張黑色矩形長桌席地而坐。油光水滑的海鮮接連送上，打頭陣的是富山灣的特產螢烏賊。螢烏賊還活著的時候，在海中突竄，就像螢光棒一樣照亮深藍海水；現在它垂掛在筷子上，晃蕩著觸手，被穩穩送進我們嘴裡。大家拿著大瓶清酒（不可以自己一個人喝太多），邊互相爲彼此倒酒（也不可以幫自己倒），邊聽主人興高采烈聊著這一桌佳餚珍饈。幻魚（げんげ，genge）是一種特殊而稀有的魚，東道主嚴肅地告訴我們，是爲了這個特別的場合，才從深海打撈上來的。這些彷彿皺著眉頭的淺棕色生物被愼重端上桌。我向主人方表示，我這輩子從沒見過這麼奇特的魚（我當然沒見過，這種魚只在富山才有）。我們一致同意幻魚的味道鮮美之至。接下來是茶碗蒸的盛會。聽他們說，茶碗蒸很像一種布丁，會裝在精緻的小碗裡上桌。外觀確實很像，我還以爲是甜點，所以當我吃進嘴裡，發現是鹹的、還帶有柴魚風味時，著實感到驚喜；吃到碗底發現還躺了一截鰻魚，更是讓我驚愕不已。我勉強擠出禮貌微笑，低頭盯著那一截小蛇，笑容始終僵在臉上。

清酒大受歡迎，對坐在查理附近的人更是。查理穿了一件猩紅色夏威夷花襯衫，看上去格外醒目。「喝一杯嘛。」他看著我半滿的杯子說，雖然五分鐘前他才剛把杯子倒滿。「來，再——喝一杯。」他咕噥著，把酒灑了滿桌都是。他拿起三味線，對大家唱起了他的「海之歌」。與會的其他人繼續各聊各的，絲毫沒管他在做什麼。

我們都帶了禮物來交換——說是驚喜，其實也是計畫好的。交換時機在酒過三巡後不久到來。我們從包廂後方拿出藏得很差的紙袋，仔細按照身分位階排好七份禮物，爲首的是給植物園館長的——但問題大了，把禮物送給館長竟是失禮之舉，一整排人紛紛打掉我們的手，大喊「不對，不對，不對！」同時二十顆頭猛然轉向左邊，看向縣長坐的地方——縣長是最後一刻才出席的臨時嘉賓。我們困窘到不行，這下子禮物順序得重

富山白岩川畔的水橋橋祭，日本本州。

新分配了。幸好這場複雜的傳禮物遊戲的第七名玩家雖然空手而返，仍然很有風度，所以場面並不難堪，我們也鬆了一大口氣。

這時候，查理突然宣布，他有話想對大家講，說著站了起來。全桌的喧鬧聲戛然而止，大家都停下筷子，抬起頭期待地看著他。他清了清喉嚨。我忽然小小恐慌了一下，擔心是不是每個人都要起身講話，腦中不由自主打起草稿，準備講些多榮幸能夠合作、我們的工作多重要等等的話。只聽查理緩慢而慎重地開口：「狗，娘，養，的。」說完又坐回去，仰頭喝乾一杯清酒。剎那間，滿座啞然無語；下一秒，大家哄堂大笑，拍手叫好，拍著查理的背，看他又給自己灌了一杯酒。「查理的英文是跟駐沖繩的美軍士兵學的。」有人向我們解釋。看樣子，終究是不會有人要我們起身講話的。

每晚，清酒在可愛的宿處自由流轉……幾乎通宵達旦……人潮不斷來去……用「鳥鳴般的日語」唱著歌……他沒有明說是哪一種鳥，但比喻作夜鷹或鴞大概十分合適！

華特・韋斯頓，一九一八年。[42]

四國

我們搭乘慢車，從岡山前往位於四國島上的高知，在車上一邊剝著毛豆，一邊欣賞窗外美景。四國面向太平洋，多山地，河川流貫其間，一片水鄉澤國景貌。結構複雜的鐵橋，帶領我們越過地中海藍的廣袤水域，圓錐狀的小島點綴其間，向大海延展的黑色森林覆蓋於上。到了四國島上，我們漫步經過稻田和廡殿頂*民家；周圍的竹林莖直如箭，高大得像樹。終於快到高知時，一縷低雲貼附在溼答答的森林上空，下一秒風景便被霧給吞沒。

茨竹（*Arundo bambos*），是唯一能長到樹木高度的草，在這裡四處生長，高矮粗細各皆不同。竹的根莖在這裡別有用途……可以用醋醃製。較粗的莖可用於挑

※譯註：日文稱「寄棟造」（yosemune），屋頂建築形式的一種，側面與正面屋簷都為斜坡狀，能導風洩水，有良好的抗風雨功能。

扁擔，細枝則削切成筆，竹筒剖半可做扇柄或其他許多用途。

鄧伯，一七七五年。[43]

＊＊＊

辨妥旅館入住手續後，我沿著流速緩慢的江之口川散步。河岸霧氣瀰漫，一側種著加納利海棗（*Phoenix canariensis*），樹幹濡溼、長滿粗鱗，附生的蕨類在樹幹上蓬勃生長。我驚動一隻赭色的大螃蟹，還沒嘟囔道歉完，它已經溜回泥巴裡。我橫越一座小橋，從橋上能望見雕梁畫棟的傳統屋頂與現代白色建築物櫛比鱗次，偶有盆栽庭樹從空隙探頭。無疑是一派日本風景。

傍晚，我們刮了鬍子、拍上鬍後水，出門在高知市溫暖的街巷間散步，找地方吃飯。連吃了幾星期海鮮，我但願能嘗些別的，好比說肉。我們在河邊經過一間傳統居酒屋。木屋前垂掛五顏六色的旗子、招牌、電線、衛星天線和發光的燈籠，怪的是還掛著單車。我們難解其中奧妙，決定上門賭一賭運氣。進到店內，一排神情嚴肅的男人正在吧檯吃飯，目光緊盯著牆上的電視螢幕，周圍是糾結的漁網、晒乾的海星，好幾口玻璃缸裝著侷促不安的螃蟹和其他各種海洋生物，連海蛞蝓都有，簡直能開水族館。「啊，你們來啦。」腰繫黑圍裙的老闆娘招呼我們，一副早就預期我們會來的樣子。我們被帶向木桌座位，桌旁從地板到天花板都貼滿海洋生物的鍍金照片，看得人眼花撩亂，儼然海鮮萬花筒。

我本來沒想點海鮮的，但這裡的生魚片真的是人間美味：肥厚美味的魚肉有白有粉，切成丁或片成三角形，用綠葉盛裝上桌，佐以醬油，再配上天知道是什麼好料的鹹酥炸物。我們配著啤酒大口吞進肚裡，吃完又點了更多——然後再點更多。圓錐形的軟體動物重量很沉，看起來還很有活力，我婉拒了，倒是班似乎吃得津津有味。老闆娘是個大嗓門，五十多歲，熱情活潑，對我們的到訪好像受寵若驚（這裡很少有西方人）。她端詳我們的手，又瞧了瞧我們的臉，問說：「爲什麼來四國？」「這個嘛，我們來……」「是，是，是。」她忽然打斷我們，對著空氣大喊：「拿酒來！」她聽話的女兒隨即端出酒給我們。老闆娘的英語不比我們的日語好多少，但有她女兒斷斷續續的翻譯，以及現在血管裡流竄的清酒加持，讓我們的對話順暢許多。「おいしい！」（oishī）——好好吃——我們不斷對料理發出讚嘆，每次這樣一說，又會有一壺酒端過來。老闆娘也一起喝，把我們的年輕、我們的白皮膚、我們的高挺鼻子都稱讚了一輪。之後，又一次對她的廚藝大表讚賞後，我們從她口中得知在高知這裡，我們會被看成來找對象結婚的（雖然不大清楚是要找誰當對象）。「那個不行。」說著，她朝一個二十多歲、相貌普通的女孩子猛揮了一下手。沒多久，一臺不知道從哪裡挖出來的拍立得相機，以這個奇妙的地方作爲背景，留下了我們的身影。

＊＊＊

牧野植物園是蓊鬱谷地與水池構成的一片綠洲，俯瞰高知縣東部的藍色山巒；這些山環繞著四國島上最大的沖積平原。園裡的植物讓空氣洋溢生機。庭園建築物近處，日本風蘭

（*Vanda falcata*）用手指似的根纏附樹幹，一座袖珍岩石崖頂上長了一層厚厚的石葦（*Pyrrosia lingua*），不遠處，祖谷玉簪（*Hosta capitata*）的花穗和日本落新婦（*Astilbe japonica*）噴散的白花，拱立在小溪邊的土丘上，丘上有羽毛般柔軟的苔蘚奮力鑽出石縫。最美的是一對白芨（*Bletilla striata*），粉紅的大花在蕨葉之間含羞垂首，嬌豔帶條紋的唇瓣像皺紋紙一樣起皺——說是色紙摺成的我也相信。我後退一步，欣賞眼前風景。和所有好的花園一樣，你分不出哪裡是自然植被的起點，哪裡又是盡頭。

> 那是一座可愛的岩石庭園，杜鵑叢與鳶尾花床掩映山瀑，瀑布流水轟鳴不止，瀉入小池。
>
> 華特‧韋斯頓，一九一八年。[44]

當地的植物研究員前田綾子小姐很快前來迎接我們。她是個嬌小的女性，三十多歲，舉手投足間流露出一種靦腆但真誠的氣質。她領著我們穿越風格強烈的現代建築，來到寬敞的木造會議室。幾壺冰綠茶端到我們面前，大家坐下討論田野調查與保育工作計畫。我們仔細鑽研地圖和幾冊厚重巨著，商量怎樣最能善用我們在這裡的短暫時間。

午餐後，我們被帶往標本館。木造拱頂的館內飄散舊書、防腐劑和時光的氣味，令人印象深刻。我們向館員鞠躬致意，他告訴我們，標本館內保存有三十萬件標本，多數蒐集自高知縣各地。我表示我想看一種少有人知的寄生植物標本，叫帽蕊草（*Mitrastemon yamamotoi*），我知道這種植物在這裡有生長。金屬書架推開後，現出從地板堆疊到天花板的五顏六色的薄紙。我們找到前述標本，攤放在桌上；可惜寄生植物不容易壓製成好看的標本，這一株也不例外（它甚至沒有葉子）。無論如何，我還是很高興看到這麼特別的植物。我們回到停車場，與植物園另一位研究員松野倫代小姐會合，她和綾子小姐穿著同款白色橡膠高筒靴。我們把背包、水壺和沉重的參考書堆進四輪驅動車，出發探索高知縣。

我們的目的地是四國的大河物部川，希望找到一種罕見的列當群落。我們開車經過一片錯落的田野和村鎮，下到河岸邊停車。接著一行四人，走上滿地灰礫石的河岸。天空陰沉多雲，交錯電線和鐵塔。我們踩著礫石前進——也許並不太像，但這地方忽然讓我想起南威爾斯的碼頭，好幾年前我在那裡尋獲黃小列當。不過，我深以爲傲的「列當搜尋雷達」，在這片陌生的土地上，似乎不比在英國精準。我緊盯著地面，列當卻並未出現在我直覺會有的地方。我小心走在叢生的長草和沙沙作響的矮灌木叢間，心裡幼稚地想，我要當第一個找到的人。終於，我的心急得到回報：一根矮胖的淡黃色莖上，鬃刷般開滿紫花，在背景黯淡的草幕襯托下閃閃發光。我開心得尖叫，引得其他人快步湊過來看。

我們很快又在草坪間找到更多。長得特別結實的一株被採下來供館內製作標本，我和班則忙著從結籽比較鬆散的樣本上蒐集種子。我們拍了照，欣賞了這些奇特的植物好一會兒。仔細一看，我們發現生長在物部川河岸的群落，莖上沒有絨毛，與我們一、兩星期前在神通川河岸找到的多絨毛型態明顯不同，可以歸類爲日本的變型「*nipponica*」。拖著腳步，回到植物園標本館存放我們發現的寶藏時，暖意像一劑麻藥流遍我的血管。

＊＊＊

往瓶之森山的長路蜿蜒向北，與仁淀川平行；右手邊，水泥塊築成的陡堤覆滿青苔。河堤上方，鐵絲網盡責地擋住生長旺盛的植物，但效果不彰，植物看上去隨時準備奪回道路的控制權。我們中途停車買了飯糰，待會就不大有機會找到東西吃了，因爲我們即將深入四國廣袤的山地荒野。車行兩小時後，道路縮窄，且隨著我們蜿蜒駛入山麓，樹蔭也愈漸濃密；路緣下方散生潮溼低垂的蕨葉，蕨類上方有灌木林和竹子矗立成牆。我們對這片凌亂的植被感到好奇，於是把車拋在路中央（山裡也只有我們），下車伸展雙腿，開始探索這片霧氣瀰漫的幽暗森林。林間空氣潮溼，帶有泥土芬芳。萬萬沒想到，林木叢生的山坡上忽然就跳出一株青天南星（*Arisaema tosaense*），令我們驚喜萬分。它看上去不似凡間之物，萊姆綠帶檸檬黃條紋的佛焰苞稍稍拱起，低垂在肉穗花序上方，在陰暗的森林裡幾乎像在發光。我們花了些時間拍照欣賞。這是重要的發現，但我今天還期待看到更不得了的東西。

登上一座簡直不能再更可愛的山谷，每轉過一個溝壑，風景都比先前更加浪漫。不時有幾段架在木支柱上的棧道，懸於湯川波光粼粼的碧綠水面上空；支柱只有陡峭險峻、望之令人發暈的花崗岩壁支撐，距離谷底的縱深將近五百英尺。

華特・韋斯頓，一九一八年。[45]

我們迴旋而上，駛出山麓，不時瞥見翠綠的森林在樹木與積雲之間閃逝。中途爲了查看山路邊的灌木叢，我們又停了一次車。明明沒下雨，但下車才沒幾分鐘，大家已經全身溼透。嚮導遞來毛巾讓我們披在脖子上。我們先看到山杜鵑（*Rhododendron kaempferi*），它和我們一樣渾身溼透，但頂上開滿一串串鈴鐺似珊瑚粉色的花，花瓣上緋紅點點，和我見過的園藝灌木一樣美。下車才幾分鐘，濃重白霧便湧入山谷，阻絕陽光，但我們腳邊有星星閃耀——地上的星星。這些奇特不凡的小眞菌叫硬皮地星（*Astraeus hygrometricus*），長得就像小小的海星，在雜草和岩石間眨眼睛。我們湊近了看，一圈向外輻散的藍灰色尖爪之上，還有一個磨砂球體，簡直就像外星生物。

海拔一〇〇〇公尺處，空氣涼爽溼潤。粉色的錦帶花（*Weigelia hortensis*）和齒葉溲疏（*Deutzia crenata*）那新娘花冠般的白花，潑灑在路旁的灌木叢上。我們穩步翻越山的東南脊，到了標高一六〇〇公尺處，植被逐漸稀疏。路旁林木密布的岩壁，陡落向霧濛濛的溪谷。岩壁上，伊吹笹（*Sasa tsuboiana*）和粽笹（*Sasa palmata*）繞著日光冷杉（*Abies homolepis*），織成一張灌木毯。我們停下來，裹著裡外溼透的登山外套，邊嚼飯糰，邊遠望清冷潮溼的山景——只不過現在沒有風景可言，因爲一切都被雲氣吞沒。

在山頂細細勘查了幾個小時後，我們動身下山，前往植被較豐富的中海拔坡地森林，進行調查工作。我們駛離登山道，轉進一條幾乎容不下車輛的窄小彎路——於是我們乾脆把毛巾圍上脖子，下車走完剩下的路程。來到這片偏遠的森林，空氣的味道像松樹，甜甜的，清新又帶有綠意。我忽然意識到自己呼吸的韻律，感覺到森林裡的氧氣，彷佛生命力也跟著充沛起來。天上雲氣散去，層層墨綠幽藍的山脈在我們左側如手風琴般向遠方延伸，白花小額空木（*Hydrangea luteovenosa*）的細枝爲山景加上畫框。班在灌木叢中發現一棵日本金松（*Sciadopitys verticillata*），興奮不已。這是一種瀕臨絕種的針葉樹，黃褐色的瘦枝上，輪生長出皮革般光滑的樹葉，過去我們只在更北的地方採到過樣本。令我驚喜的是，我們

生長於瓶之森山的
面河天南星（*Arisaema iyoanum*），
日本四國。

生長於瓶之森山的**青天南星**，日本四國。

在山徑旁又接連遇到幾十朵青天南星，就長在青苔和蕨葉之間。它肥短粗壯的莖上開著白花，捉住經林冠濾篩的陽光；其中一朵的肉穗花序是明亮的萊姆綠色，彷彿發出螢光。我們聚集在特別健壯的一株周圍，班拍下我在岩崖腳下、蹲在植物旁邊的身影。附近，另一項有趣的發現在灌木叢中等待我們：一株羽毛狀的石松（*Lycopodium sp.*）躡手躡腳爬上河岸。它長得很像苔蘚，卻屬於至今最古老的維管束植物群，是率先演化出根、莖、葉的植物。看它現在矮小的型態，很難相信三億五千萬年前，它的祖先是高聳於我們頭上的。

我們動身通過親不知子不知斷崖（Oya-shirazu Ko-shirazu）的尖頂花崗岩脊，一路上，絢麗的金百合花，混雜著顏色從深粉到奶白不一的山杜鵑以及朱葉花楸（vermilion-leaved mountain ash）。斷崖兩側林木密布，向下陡落，分墜尾白川和大武川的深谷。

華特・韋斯頓，一九一八年。[46]

我們動手作業，從所有發現的植物取下片段，集中到引擎蓋上。半小時後，上面滿是交錯散落的枝條、葉子和植物碎片，彷彿有人拿大砍刀上到林冠胡亂劈砍一樣。我們仔細整理這些植物，處理完的就扔到一邊。前田小姐和松野小姐把植物一一舉高檢視，偶爾翻閱大部頭的日文書，查證有疑義的特徵，每經確認就會點一下頭，班則潦草寫下植物學名，然後又移向下一個樣本。有這麼多有趣的植物可看，我發現我很難待在一處不動，所以在河岸邊爬上爬下尋找新樣本。

有一種植物一整天都躲過了我們的搜查：罕見的面河天南星。今天的工作重點是蒐集資料，所以遇到的植物不論常見或罕見，全都很重要，但我格外希望能看到面河天南星，它和漫山遍野到處跳出來嚇我們的青天南星是近親；既然比近親還特別，顯然我們必須更仔細尋找才行。好在嚮導想到哪裡可能會有。我們跳上四輪驅動車，在山路上搖晃顛簸，愈來愈深入荒蕪而未受文明影響的深山裡，彷彿不知時間爲何物。

我們把車開到無法再前進的地方後，拋下車，徒步走上綠意斑斑的野徑。走了大約二十五分鐘，才找到可能是我們想找的植物：一株花序早已不在最佳狀態的樣本，粗壯帶藍色調的莖高及我的膝蓋，和我們今早大量發現的青綠色型態明顯不同；儘管如此，只要花朵凋萎，就很難確實鑑定物種。附近還有十來株長在陡堤上，全都是類似狀態。植物不配合，我也只好放棄，漫步在山徑上，找些其他東西分散注意力。能看到已經很幸運了，我告訴自己，腳下悶悶不樂地踢著枯葉。班和其他人在我身後二十公尺閒聊，時不時討論起某一根低垂的枝條。我踩到一截倒落的樹枝，不經意地往左看，一個亮亮的東西抓住我的目光。

終於。我笑了。斑斑點點的粗莖，高約六十公分，生長正盛，開著櫛瓜大小的花，花朵氣色甚佳。我爬上土堤近看，蠟質的佛焰苞布滿紫色條紋，基部透出蠟感的藍色調；佛焰苞尖端下垂，幾乎超過整朵花的長度。我像翻開信封摺口一樣將它向上翻起，往裡面瞧，顏色和質地都像蘋果果肉，邊緣綴有石榴色斑點；內部是粉筆的白色，濺灑著紫紅色塊，突出的肉穗花序被包裹在內，也是相同配色。真美的植物，美到令人讚嘆。等待其他人趕上的同時，我在這片寧靜的日本荒山中與它共處了寶貴的片刻。這無拘無束的一刻，銘刻在我的記憶裡，我知道等我回到家，它將會被我用顏料永遠保存下來。

那浪漫之美……多數時候，幾乎不可能完整描述。

華特・韋斯頓，一九一八年。[47]

九州

新幹線子彈列車在鹿兒島放下我們。這片「水與火的土地」位於九州本島最南端，首府鹿兒島市素有「東方那不勒斯」之名，不過剛抵達的時候，我們還沒能馬上看出原因。方整的現代化都市熱得像一口大鍋，人人撐起傘抵擋正午的驕陽。我們搭計程車前往飯店，一棟仿大理石造的高拋光建築，距離灰悠悠慵懶流動的甲突川不遠，旁邊還有一座摩天輪。辦妥入住後，我沿著甲突川鋪整過的河堤散步，堤岸每隔一段距離，就有小階梯能迂迴下至泥濘發灰的河灘。不少居民可能熱得難受，穿上了飄逸通風的衣服，在枝葉扶疏的櫻花樹和紅花刺桐樹下靜靜散步。傍晚溫暖的空氣明顯有點霧濛，甚至像起著煙。

不，不是煙，是灰。櫻島相當於鹿兒島的維蘇威火山（原來是這樣，現在我懂了）。櫻花之島，這柔美的名字底下，蘊藏日本最活躍火山的狂暴怒氣。我現在能看見它在鹿兒島灣遠處若隱若現，渾厚的藍色尖錐自海面升起，邊緣沾染著一抹灰，奇特的指狀雲盤繞山頂。這座地質奇觀是我們未來幾天進行調查工作的地方，想到這就讓我興奮不已。

興奮之餘，可能也有那麼一點不安。我以前探索過的火山都是死火山，但櫻島不是，我在十公里遠外都能看見悶燒的蒸氣——去了真的安全嗎？但當我在橫伸於河面的樹枝上，看見蕨類植物長成的微型森林時，這樣的擔憂在不覺間從腦海淡去。這些蕨類告訴我，我身在異邦，一個溫暖潮溼的國度，奇花異草正在這裡等待我，從每一道隙縫中綻放生機，而我等不及去尋找它們了。

回到飯店，我打開行李，沖了個澡，洗去一天的疲憊。從我腳邊流下的水，稍稍有那麼一點黑。

＊＊＊

我們在從鹿兒島出發的渡輪上，讀到「一九一四年櫻島大噴發」，是日本自二十世紀以來最猛烈的火山爆發。櫻島在休眠百年後，被劇烈的地震撕裂，噴出巨大的熔岩柱與岩漿流。究竟該不該把火山碎屑流列入「田野調查風險評估」（我在這堂課的成績向來不是太好），我們為此激辯了一番。就在我們說話的同時，汙濁的黃雲也正湧出山頂，向地平線傾瀉。島上到處張貼著告示，說明火山噴發時的疏散程序。

船停靠在小港口，臨時搭建的綠松色金屬走道圍住碼頭，海水在走道下方輕輕拍打。空氣既熱又鹹。我們向路邊的棚屋租了一天車，出發探索櫻島。很快我們就看到第一株感興趣的植物：檜葉寄生（*Korthalsella japonica*），生長在路旁栽種的小山茶花樹的枝椏間。從外表推測，這些山茶花樹可能是從覆蓋全島的常綠森林裡移植過來的。檜葉寄生的枝條是灰綠色的，沒有葉子，像從樹上冒出一小簇岩海蓬子，絲毫不像西方人熟悉的槲寄生。我們經過散落在沿海路邊的民宅，拉門在暑熱下大多敞著，院子裡有修剪過的庭樹，政治人物則在每個街口轉角的海報上豎起大拇指微笑——若非有這些，島上看來簡直荒無人居。

我們右轉從濱海公路進入森林。視線右側，有兩公尺高的斷崖矗立，崖上冒出茂密的灌木叢；左手邊，蕉葉錯落，在我們頭上構成格子狀的遮蔭。這裡的植被不是很好理解，原生林頂掛著外來的奇特藤蔓。我們驚喜地發現一株五葉木通（*Akebia quinata*），它美味的果實此刻尚未成熟，肥嘟嘟地，像一串星星沉甸甸攤在我的掌心。

更往深處，路邊的叢林花園漸被天然林取代，酒瓶綠色的繁茂森林地幔一般覆蓋山丘。我們循找到的第一條小路進入森林，萬萬沒想到，在路旁幾公尺處，就看到剛才被濃密植被遮住的剛竹（***Phyllostachys bambusoides***）。剛竹綠色的莖出奇油亮，雄渾挺立，粗過我的手臂，筆直射向天空。小路往下逐漸深入幽暗的森林，大量糾纏的藤蔓像一張張漁網掛於林冠，樹幹上冒出小小的蕨類和蘭花。還有一株無花果的近親，我們認不出名字，正奮力從綠球般的果實結構裡擠出新苗。我們上下張望，然後草草記下見到的東西。我們在一道岩坡上發現戰利品，是十來株高大的申跋（*Arisaema ringens*），皮革質感的葉子全都軟趴趴的。有一株像是拳頭握著一把綠色果實，從枯黃蔫軟的佛焰苞內伸出來。

我們回到車上，前往碼頭附近的山坡探索。疏散避難所的不遠處，有多張官方告示寫著：「禁區，閒人勿進！」我們忽然發覺，不知何時開始，一層薄灰已經悄悄落在島上，覆蓋住植被。回到船上，我們才發現自己也已經滿身是灰。

＊＊＊

溫煦的傍晚，回到鹿兒島，人人都在路邊攤用餐。結束了白天的寧靜，市街上或紅或黃的燈籠間，傳來烤雞肉串滋滋作響和此起彼落乾杯的聲音，不和諧卻充滿活力。我們在街邊一家小居酒屋喝啤酒解渴，用筷子夾生雞肉吃（入境要隨俗！）。四周一群又一群日本青年男性，穿著相同的白襯衫配黑西裝褲，輪番倒著清酒。幾個觀察敏銳的當地人注意到我們，他們年紀約在二十五歲上下，對我們在這裡做植物考察似乎很好奇。「你們是美國哪裡來的？」有個人問。「牛津。」我們回答。「哦，牛津，嗯，嗯。」他們點著頭像是在說：對啦，我就知道。「但爲什麼是火山？」一個全身黑衣、打扮時髦的女生問。我們解釋說，我們的目標是蒐集島上各地不同類型植物群落的資料，火山植被也包括在內。她摀著嘴咯咯笑，接著換上嚴肅的神情看著我們說：「你們**知道**火山會爆發吧？」我們一時不知道怎麼回答，她隨卽頑皮地補了句：「但不是明天啦。」大夥兒再度大笑出聲，舉杯互敬平安健康。

＊＊＊

早晨七點。又是炎熱的一天，天空不見半朵雲——不對，是有一朵，一朵從底部逐漸聚攏的大烏雲。

重回船上，穿制服的青少年圍在固定於牆上的小電視前，每個人都帶著黃色工地帽。上到甲板，隨著船駛近火山，海上空氣的霧霾似乎比昨天厚重，除了鹹味還隱隱飄著一股味道，像燒焦的雞蛋。下了船，我們租車開往島的另一頭。往東走，茂密藤蔓不僅吞沒擋道的一切，甚至湧上路面。我們繞行島的南端，看見一座狹長的湖，決定稍作停留，下車勘查水生植被。形似大黃的蓪草（*Tetrapanax papyrifer*）大量叢生，長得又高又大，讓湖岸難以通行。於是我們回到車上繼續蜿蜒駛入山丘。遠處響起一聲悶雷，也許有一場風暴正在醞釀。

下午一點。我們停在鄉間的居酒屋吃午飯。我們脫掉鞋子，隨服務生通過一連串複雜的隔間，來到一張榻榻米座位的矮桌，後方牆上的電視響著刺耳的聲音，幸好空調很舒服。我們兩人都點了意思是「雞屁股」的料理，然後開了啤酒，討論今早發現的植物。雞肉很快送來了，每個屁股上都澆了一顆生雞蛋，以我們拿筷子的技術實在夾不起來。我們參考彼此的筆記，規畫今天接下來的路線。

下午三點。距離火山頂不遠，我們找到一條通往天然林最中心的僻徑，這地方看起來是我們完成島上調查工作的理想地點。櫻島活躍的南岳朝萬物降下火山灰，我們走進的森林成了一片魔幻的銀灰色，宛如置身夢境。我搖了搖頭頂一根樹枝，看著灰燼靜靜落向地面。小徑上，成排八角金盤（***Fatsia***）手指狀的葉子越過草叢和覆著一層灰的長草，彼此牽起手來；樹上垂掛纏結的藤蔓全都是粉白色的，好似石雕。這裡眞是個奇幻魔境。大約十五分鐘後，左手邊一道樹根隆起的階梯領我們走進更幽深處，一隻謎樣的鳥發出熱帶鳥類的鳴叫。我們在這裡發現一座廢棄的神社，半被苔蘚覆蓋，埋在藤蔓與灰燼之下，看樣子已爲世人所遺忘。回到主要道路，我們忙著記下所有能找到的植物。沿途在灰濛濛的枝椏間，能瞥見蒼鬱的山丘落向昏昏欲睡的鹿兒島灣。

櫻島火山爆發，日本九州。

下午四點，轟。

萬物全醒了過來。大地深處隆隆響起一聲磅礴雷鳴，向著森林咆嘯。震動聽起來近得要命。我們連忙抓起紙筆和相機，沿著山徑往回狂奔，一路踢起無數灰燼。我能感覺到這座島的命脈在我們的腳下湧動。森林某處有一隻鳥反覆鳴叫，聽來像警笛一樣尖銳刺耳，渾然不覺原始之力正在發威。我的嘴裡滿是鹹水，心臟猛撞胸口。我們哪來的膽子，沒把火山爆發的可能放在眼裡？沒時間多想了。跑啊。

下午四點十分。我們回到車旁，轟隆聲更頻繁了。我們迅速拍掉從頭覆蓋到腳的火山灰，跳上車加速駛離。

下午四點十五分。天空不再是藍的，看上去近乎黃色。暴風雲在我們周圍聚集，只不過這場風暴並非從天而降。**我們必須立刻離開。**

下午四點三十分。搭上駛回本島的船，我們看見一道濃厚煙柱衝向天際，心中忍不住想……**之後會怎麼樣呢？**

＊＊＊

第二天，上午七點十九分。我們接獲預警。二〇一八年六月十六日，就在我們離開火山的翌日上午，櫻島火山劇烈噴發，煙柱從火山口上噴四點七公里高，火山碎屑流沿西南坡下流一千三百公尺。大量火山灰飄落在鹿兒島全市。

日本位於環太平洋火山帶，境內有數十座火山，但都不及櫻島致命。科學家預測，與一九一四年同規模的火山爆發，將可能在不到三十年內發生，危及數十萬人口安全。自百年前的那一次爆發後，櫻島火山愈來愈不穩定，但居民迄今仍安居於櫻島的陰影下，彷彿她的暴風只是日常天氣變化；即便她降下落石，他們也只是撐起傘，不為所動。

琉球群島

「颱風。」地勤助理禮貌微笑，指著列出延誤航班的紅黑告示板說。「航班可能取消了？」（依然笑容甜美。）她是在跟我**開玩笑**嗎？我們才剛逃出火山爆發，難道我們是天災磁鐵不成？好在一小時後，我們前往沖繩的航班還是起飛了，看來在「水與火之地」還不至於水深火熱。現在我們將前往日本南方的琉球群島，進入舊熱帶植物界。

繫好安全帶，廣播提醒我們須隨時應對亂流。又不是沒遇過，我自信滿滿地對自己說，接著安靜窩進座位裡，開始寫我們的火山歷險記。飛機上有美國人，經過這麼久再度看到西方臉孔，感覺眞奇怪。航程並不長，不知不覺間，飛機再過二十分鐘就要降落。

唉，就沒一天平靜的。忽然一陣劇烈晃動，我的筆摔到地上，滾出我的視線。飛機像是墜落了一秒，隨即回復平穩，機艙各處傳來交頭接耳的聲音，然後是一陣緊張的笑聲。十秒後，更劇烈的搖晃襲來，這一次沒有人笑了。亂流喚醒某種原始的恐懼，腎上腺素在機艙各處釋放流竄。有人倒抽了一口氣。我們被用力左搖右晃，但不要緊的，我提醒自己，飛機不會只因爲亂流就墜機——我知道，因爲我在哪裡讀過（我眞的讀過嗎？）。話雖如此，這劇烈的傾斜和墜落，多少令人有點不安，畢竟這可是颱風。幸好，在三次顚簸的嘗試後，飛機總算跌跌撞撞地在那霸機場的跑道上降落。我們兩腿發抖下了飛機，潮溼猛烈的風陣陣吹打我們。我頭昏眼花。有一小部分喜歡浮誇的我，偷偷覺得很刺激——在颱風中降落，回家以後在酒吧有故事吹噓了——而且我敢說，這還只是熱帶冒險的前戲而已。

往日本的航程何其艱險，海上風強雨驟，狂風陣陣吹襲……雷電只屬尋常，暴雨和颱風尤為常見，地震亦然。

鄧伯，一七七五年。[48]

＊＊＊

我們抗拒不了在熱帶風貌的海邊停車，下車舒展筋骨。白沙、碧海，藍灰色的山巒如帶，爲天空勾勒出一幅枝繁葉茂的全景。可惜這片夢幻的景致，因爲頭頂成束的電纜線失色不少，這在沖繩隨處可見。我們盡可能忽視電線，把注意力轉移到刺腳的白沙，沙裡散落著蕈珊瑚和沙錢化石似的碎塊。我們涉水走進溫暖的淺灘，黑漆漆的海參趴附在石頭上。我抓起一隻摸了摸，表皮就像蟾蜍一樣粗糙多疣。我冒險往水深處再走幾步，

藍指海星（*Linckia laevigata*），日本沖繩。

向漫過我鼻孔的海水挺進。我在海面下兩公尺處發現一隻藍指海星，是天空陰雲密布的顏色，體型大得就像餐盤。

上岸後在海灘另一頭，鼻頭似的岩岬突入海面，上頭長滿形似棕櫚樹的劍葉。湊近一看我才發現，那是一片林投（*Pandanus tectorius*），其中幾棵樹還結了果實；果實沉沉地掛在紙質的簇葉之間，有橄欖球那麼大，像綠色和橙色的鳳梨。林投強韌的樹枝和黃槿（*Hibiscus tiliaceus*）藏在綠葉間的圓錐花序交織在一起，間雜布丁色的小花。我在岩岬上逗留了一會兒，欣賞植物，享受肌膚上暖烘烘的陽光；腳下幾公尺外，海浪輕輕拍打濡溼的沙灘。我們在海邊散步了一小時，在這個新天地開心地認識一株又一株植物。想到將在這片熱帶天堂度過未來一星期，我的雙眼就像在眼前展開的大海一樣閃閃發亮。

＊＊＊

我們的下榻處的風格仿彿回到一九七〇年代：地板鋪著絨毛地毯，還有粉紅配杏色的衛浴間；但更重要的是，這間俗豔的旅館與它整潔的小高爾夫球場所座落的山丘，周圍就是茂密的亞熱帶雨林，我簡直喜不自勝。噴了滿頭滿臉的防蚊液後，我踏出粉得刺眼的門檻，走出空調，走進溫熱潮溼的荒野探險去。

我在森林邊緣遇到第一株感興趣的植物是月桃（*Alpinia zerumbet*），因爲從小就在熱帶溫室好奇張望，所以我對這種植物很熟悉。月桃是「多用途植物」，每個部位都有用處，像是在沖繩就會用來泡茶或包飯糰。它翠綠色薑科植物的葉子，從硬挺的莖上垂下來，縱向刺出灌木叢；其中有十來株開出粉白帶黃的花，讓我聯想到在水中成群漂浮的觀賞蝦。附近蕨葉叢生的土堤上，姑婆芋（*Alocasia odora*）舉著肥碩多汁的莖，伸出槳狀的大葉。我輕拍一根粗壯的莖，彈力十足的葉片在我頭上擺晃，發出雷鳴一般令人愉快的聲響。靠近地面處，有幾株開了花，它們的佛焰苞形狀奇特，大小像一根粗肥的香蕉，包裹著奶油色手指狀的肉穗花序，上面爬滿黑色小蟲。頭頂上方長得歪歪扭扭的紅樹幹，樹杈上頂著一株巨大的臺灣山蘇（*Asplenium nidus*），油亮的卷邊蕨葉是蘋果色的。這個景象讓我最是興奮，我也說不上爲什麼，因爲這在熱帶明明很常見——也許就是這樣我才喜歡吧：因爲這正是雨林的象徵，有數不完的植物在雨林中隨地球的脈動生長。

＊＊＊

我們見到了沖繩美麗海財團植物研究室的室長阿部篤志先生，以及爲我們擔任嚮導的赤井賢成先生。我們圍坐在一張白鐵桌旁，一邊用吸管喝冰綠茶，一邊聽他們介紹財團的宗旨，也就是希望透過研究，增進大衆對沖繩豐富亞熱帶動植物相的關心。阿部先生問我具體的興趣是什麼？我告訴他是寄生植物。他點了點頭，同時緩緩眨眼，像在說：「明智的選擇。」接著走到一旁找起東西，回來時手上多了一個大大的扣蓋式保存罐，裡面裝滿尿液顏色的液體，一個棕色標本凝塊在其中浮動，樣子像木賊屬植物的子實體——肥嘟嘟像手指的一球芽葉。「ツチトリモチ（Tsuchi-tori-mochi）」，他笑著說。我接過罐子，看著裡面奇特的植物緩緩沉向一側。我認得它是什麼：蛇菰（*Balanophora*），一種形似林中水蛭的植物，從樹根吸取養分維生——我喜歡！之後，我們被帶往研究室後方，看到一排又一排裝著微型繁殖植物的錐形瓶。經過介紹，我們認識了一名二十多歲的女學生，她會和赤井先生一起，加入我們的調查工作。阿部先生祝福我們冒險好運，我們便出發前往探險。

＊＊＊

開了一小段路，我們停車查看一片赤井先生熟悉的雨林，位置離大馬路不遠。我們魚貫下車，抬頭仰望尖頂教堂似的樹木聳立於頭頂，氣根和藤蔓從上方向地面垂落。林冠下，棕櫚樹頂從團團灌木上方散開，彷彿飄浮在半空中；樹木根部，姑婆芋排開隊伍，整齊得彷彿人工栽種。我不禁想起倫敦邱園的棕櫚屋。赤井先生靠在車上抽著菸，我們三人接連拿來不確定的植物片段給他鑑定，有草、有葉，也有枝條等等。奇特的藍棕色果實像蛇一樣從枝頭盤繞而下，我不認得是什麼，赤井先生也不知道，於是我做了筆記，說不定之後有機會可以鑑別（但後來始終沒機會）。這個地方的植物豐富之至，初嘗沖繩亞熱帶雨林的滋味，讓我胃口大開，已經等不及想探索更多了。

我們的下一項任務，是爲牛津大學植物園的熱帶植物收藏，蒐集琉球馬兜鈴（*Aristolochia liukiuensis*）這種熱帶藤蔓植物的種子。它在這裡很常見，赤井先生對我們說。確實，在車上就能看到很多。我們把車停在一條又陡又窄的下坡路上，下車尋找結了果實的樣本。一路不難看見琉球馬兜鈴盤繞在細瘦的樹幹上，縱向伸出一排排水平排列、光滑油亮的心形葉子，每片都是正面朝上。終於，我們看見有一株結了六個綠色梨形果實，就掛在我們頭上兩公尺高。我們拿刀削下一個，果實咚一聲，毫不客氣地摔到路上。

赤井先生瞧了瞧，好像不是那麼感興趣，可能他覺得還沒熟吧。「要兩個。」他把玩著打火機說：「要兩個。」於是我們又削了一個下來。

順著路又走了五百公尺，令我驚喜的是，我們看見一小片筆筒樹（*Cyathea lepifera*），共有五株生長在一起，高度各不相同，細瘦彎曲的樹幹歪扭著伸向天空，各自頂著一圈大得不成比例的羽狀蕨葉，樣子真像從遠古時代走出來的，彷彿長頸龍還在地上行走——雖然從某方面來說也的確是這樣。我默默懷想史前時代的植物，就在這時，赤井先生像是聽見我的想法一樣，指向長在路邊的另一株樹，這次是蘇鐵（*Cycas revoluta*）。我奮力擠進灌木叢間想看個仔細，同時不忘赤井先生的警告，低頭確認腳邊有沒有毒蛇。

蘇鐵眞是個壯觀的東西。它輪生了一圈粗硬的酒瓶綠色葉片，在陽光下閃耀著青藍色，中心突出一個黃色帶花粉的錐狀花，樣子就像一根巨大的玉米棒。附近還看到一些値得記錄的植物，像是能產出染料的粗糠柴（*Mallotus philippensis*）和開粉花的藥用植物基尖葉野牡丹（*Melastoma malabathricum*）。就在大夥兒打算去吃午飯之際，我們注意到樹林地面有動靜，是一堆爛熟的水果，爬滿甲蟲和小椰子蟹。我見了有點吃驚，因爲海遠在好幾公里外，赤井先生則解釋說椰子蟹是陸生寄居蟹。有好幾十隻像蜘蛛一樣在地上快步爬行。「かわいい（kawaī）！」女學生高舉雙手大喊──「好可愛，好可愛！」她蹲下撿起一隻，寄居蟹立時縮進殼裡，剩下兩隻米黃色的螯伸在殼外。這時她發出尖叫，原來寄居蟹感到被冒犯，猛然竄出殼夾住她，吊在她手上左搖右晃。女學生伸長了手不知所措，無助地看向我們，嘴上直喊痛。寄居蟹打死不放，我們一時都不知道怎麼辦才好。終於，赤井先生往她的手上倒了一瓶水，好像她的手著火了一樣──只看她的表情，的確會這樣以爲。好在這招有用，寄居蟹鬆開鉗子，咚一聲落在地上，留下一道傷口和一臉歉意的女學生。我們光顧一家海景餐廳，希望美味的炸雞能夠安慰她。「炸雞一下肚啊，」赤井先生看著錶，香菸在他的齒間上下晃，「幾乎什麼煩惱就都解決了。」

下午，我們前往山原國立公園，這是島上面積最大的原始亞熱帶雨林帶，覆蓋島嶼北部。中途我們在國頭村停留片刻，眺望遼闊的北太平洋。雄偉的灰色山崖草木林立，陡直落向黃色沙灘，波光粼粼的蔚藍大海向遠處延伸無數公里──確切來說，是超過一萬兩千公里，因爲順著我們的視線，最近的陸地就是一萬兩千兩百三十公里外的墨西哥了。山崖邊生長著石斑木（*Rhaphiolepis indica*）厚厚的小灌木叢，這種植物想必很能承受鹽分。我們沿著荒涼的海岸線開到一處黃沙灘海口，班很想親眼一睹本地特有種島杜松（*Juniperus taxifolia*）。赤井先生知道哪裡有，但沒有攀岩裝備，想採集種子是不可能的（就算是我們！），因爲那種植物長在八公尺高的懸崖上。

行經松林和長在橙紅色黏土上的莎草，車子停在一段偏遠的海岸線。下到海灘上，露兜樹像大象拱起鼻子，從濱海灌木叢間伸出粗大的枝幹；枝頭掛著十多個橘色蠟質的果實，表面滿是凸塊，雕刻著無數個六角形按鈕。不遠處，拍岸的浪花間，菟絲子（*Cuscuta hygrophilae*）的莖像黃色義大利麵條蔓生開來。這種寄生植物纏繞周圍的植被，用類似虹吸管的吸器（haustoria）構造，吸取其他植物的養分。

我們踩著沙子前進，發現海口被高聳峭壁包夾，熱帶植物從山壁邊緣滾落。岩壁下方，馬鞍藤（*Ipomoea pes-caprae*）在沙上匍匐爬行，薔薇粉色的花朵在午後烈日下已然凋萎。在馬鞍藤莖扇形覆蓋的範圍內，長出一叢文殊蘭（*Crinum asiaticum*），在乾旱沙地上茂盛得令人吃驚。其中一株開出蜘蛛狀的純白花朵，有香瓜那麼大。最奇特的是，我們返回車子的路上，女學生在一堆古老的白化珊瑚塊之間發現一片海檬果（*Cerbera manghas*）長在裸露的沙地上，看起來就像縮小的椰子，從棕色纖維球中果斷冒出粗短的莖。其中一株開著燦亮的白花，花形和長春花很像，但美麗之下隱藏著致命劇毒——它另有一個更陰森的名字，叫「自殺蘋果」。

＊＊＊

親愛的日記：

我中毒了：頭暈、頭暈，此外還是頭暈。我只能小口喝水，然後呆望著牆壁，但牆壁轉呀轉的，化成一團令人頭暈想吐的光影。我心跳飛快，冷汗爬滿全身，我搞不好會死在這裡。

十二小時前……

我們的東道主在名護市為我們籌畫了慶功宴。我們魚貫走進一間居酒屋，烏黑的木板牆上貼著菜單，以及笑容燦爛的明星海報。炸雞香味混著香菸味隨室外一陣暖風吹送進來。與會的除了我們，還有主人阿部先生和赤井先生、那名女學生，以及一位健談的中年女士，自稱是暢銷作家。她的英語流利，對我們在沖繩的保育工作很是好奇。我們聊著在日本見到的各種奇妙植物，氣氛和睦，面前擺放的小白碗愈來愈多。菜單上有沖繩雜炒，是一道把苦瓜與豆腐、雞蛋、豬肉一起大火快炒的地方名菜。每道菜都附上熱氣蒸騰的白飯和味噌湯。「いただきます（Itadakimasu）！」大家齊聲喊道，表示開動，也表達對能吃一頓飽飯的感謝。

我們佐著灼辣的燒酎，把沖繩雜炒吞下肚。燒酎是香味醇厚的蒸餾酒，可說是沖繩人的清酒，只是更烈一些（後來就知道了）。燒酎對健康有許多益處，其中一位主人鄭重地解釋，一邊翻譯酒標，一邊拍著自己身體各部位說明他的論點。我喝了幾杯，的確感覺飄飄然，應該說，從來沒那麼舒服過：它的效用確實和酒瓶上說的一樣。我大口痛飲，見我這麼能喝，大家似乎都備感敬佩——很好，我一定帶給身體數不盡的好處。

不過我有點暈。不對，是醺醺然，醺醺然沒有不對。這又是什麼？另一種酒？因爲已經喝了很多燒酎，他們奉我和班是貴賓，特地點來當地名產「泡盛」。酒裝在優雅的深色玻璃瓶內上桌，酒標上有繁複纖細的日文字，想必寫的也是對健康的多種好處。「天啊，這好好喝。」我們驚呼，大家都點頭贊同。

天啊，好烈，我心想，伸出去拿杯子的手發著抖。我真的不該再喝了，但泡盛酒是點來請我們的，看起來也確實名貴，最好還是喝一杯——客人總該有禮貌，不是嗎？但自己倒酒是**不禮貌**的，所以我喝的量完全取決於宴席主人。沒事，睡一覺就會過去的。

說實話，睡覺聽起來不錯……再怎麼說，這對我的健康有益，對吧？我們起身交換禮物，輪流發表感言。我滿腔情感洋溢，說著我有多愛日本，愛這裡的植物和人情。我是真心的，但要小心別把酒杯打翻。我這是在晃嗎？木板牆壁讓我感覺自己身在船上。我坐下來，差點沒坐上椅子。每個人都笑得歇斯底里。「你的……你的手被寄居蟹咬過後有什麼感覺？」我問女學生。我是不是已經問過了？對，好像是。呃，看起來很痛，這我知道。

我環顧四周，包廂開始旋轉。海報上的人臉對我微笑眨眼——轉呀轉的。我想不通桌上的「養生酒」到底怎麼會讓我醉到出盡洋相，也不知道接下來要怎麼收場。「班，我……我看我……不行了。」我大聲在他耳邊低語。「我也茫了。」他才說完，整個人也緩緩滑下椅子。

＊＊＊

親愛的日記：

今日無事可記。

赤井先生帶我們參觀沖繩美麗島財團種植在溫室的植物收藏。陶土盆在金屬桌上排成長排，各種植物的根和藤蔓翻盆而出。收藏中有不少從全島各地的偏遠雨林蒐集回來的罕見種。我們撥開笑窪細辛（*Asarum gelasinum*）細韌的莖，近看它奇特的三等分花，花的色澤和質地都很像牛排。接下來，我們看到以前沒見過的港口馬兜鈴（*Aristolochia zollingeriana*），它有糾結的藤蔓，並從中伸出曲線曼妙的管狀花，和我的小指頭差不多大。這個物種主要分布於東南亞，沖繩是它分布範圍的最北沿。赤井先生摘下一個果實，讓我們有機會帶回牛津大學種植。

我們沿著海岸公路開了半小時的車，然後轉進內陸，前往嘉津宇岳。標高四一四公尺的嘉津宇岳，登頂不難，但今天氣溫高達攝氏三十一度，又很潮溼，再加上經過幾星期的徒步探勘，現在我們都有點累了。我們做好登山準備，我和班擦上防晒乳、噴上防蚊液，赤井先生叼起菸。步道起點是寬闊的臺階，兩旁的蕨類和植物枝幹水潤欲滴。方整的臺階愈往上，愈逐漸縮窄成行跡模糊的崎嶇小徑，糾結的樹根緊攀凹凸不平的石板。走了約二十分鐘，赤井先生指向一株臺灣香檬（*Citrus depressa*），在沖繩稱爲「シークヮーサー」（shīkuwāsā）。瘦長的樹幹大約與肩同高，綠中帶橘的小果實像蜜柑一樣星散在樹梢。

赤井先生說登頂途中有好幾種蘭科植物值得一看，但我們上下搜遍也沒有找到半株，著實有點失望。因爲沖繩的蘭花遠近馳名，可是我們一種都還沒見到。不過我們倒是在小徑附近發現夾竹桃科毬蘭屬的毬蘭（*Hoya carnosa*），它是風靡全球的室內植物，看見它生長在野外的樣子，儘管與蘭花所屬的蘭科不同，還是稍稍彌補了沒看到蘭花的缺憾。它纏結的莖上長著深綠色厚葉片，葉面綴著小白點，好似星星散落在寶石綠的夜空。毬蘭旁爬著一隻奇怪的蝸牛，灰底色配黑色大理石紋，沿殼緣盤繞一排小刺。我從沒見過這樣的蝸牛。我們繼續前進。樹根匯聚盤結成網，引導視線往上看向柱子般的樹幹，再看到綠蔭繁茂的穹頂，藤蔓又從樹頂垂回地面。

登頂途中有一小段路需要攀爬峻峭岩脊。隨著岩石嶙峋的山頂出現在上方，草木逐漸稀疏。一陣歡迎的和風吹來，我們在寬闊平坦的山頂稍事休息，坐在方方胖胖的巨岩上，帶褶皺的岩石是未經拋光的銀色。山上很寧靜，萬籟俱寂。草叢閃爍微光，黑黃相間的蝴蝶掠過我們腳邊，又隨風悄悄舞動飛遠。我的目光追隨其中一隻，越過覆蓋著柔軟森林、起落在雲海間的圓弧山頂，望向地平線。蝴蝶消失不見了，我才發覺遠處是一片灰壓壓的採石場、大樓、民房和高壓電塔。僅僅在我幾代之前，漫步在岩石間的人望向尚未開發的地景，所見到的風景該有多麼不同——只有植被和粼粼發光的海，在這個全日本生物多樣性最高的地帶。樹木會記得。世界各地的森林喃喃訴說失落。但我今天不想思考這些。我轉向另一邊，看著日本生氣蓬勃、像在呼吸的山丘緩緩沒入海面，翠綠慢慢轉爲青藍，一如恆常。我默默懷想這段旅程。

月日者百代之過客，行年亦為旅人。

松尾芭蕉，《奧之細道》，一六四四至一六九四年間。[49]

日本

VII

前進捕蟲植物天堂

婆羅洲，京那巴魯山

Ⅶ
前進捕蟲植物天堂

婆羅洲，京那巴魯山

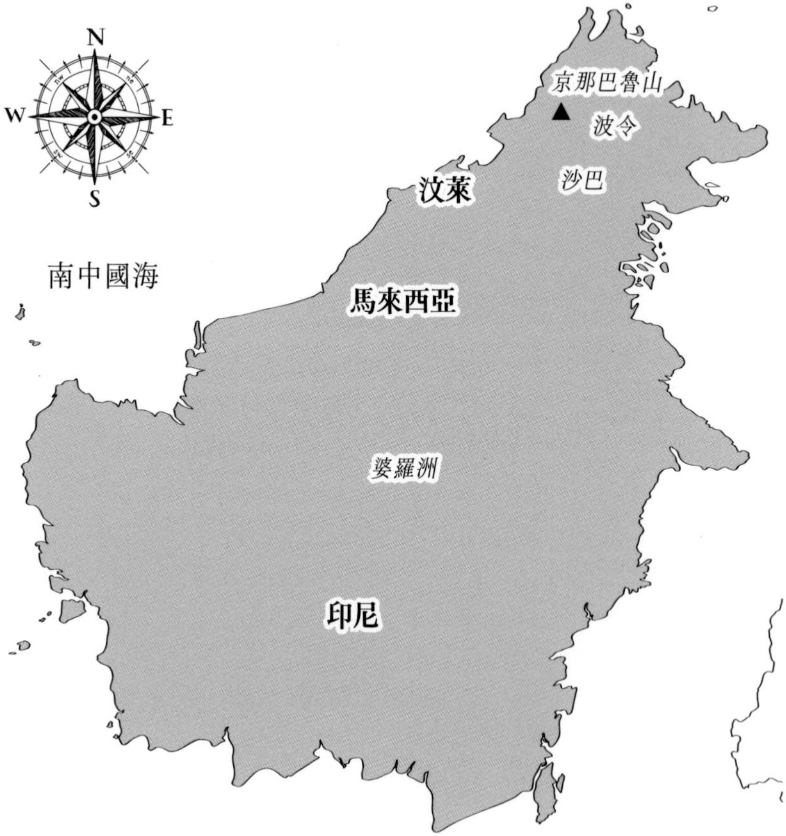

真的成真了，那些夢想——一個男孩渴望長大後成為植物學家，盡一切努力到世界各地去遊歷，塗塗寫寫、素描畫畫的夢想。

想像有一座山，坐擁的蕨類植物種類比全非洲加起來都還多，並且以此聞名；滿山蘭花嬌美欲滴，有數百個不同的種類，山中還有你所想像得到種類最豐富的熱帶豬籠草，且有其中五種在地球上其他地方找不到——這樣的地方眞的存在，就在馬來西亞婆羅洲沙巴的京那巴魯山。標高四一〇一公尺，這座巍峨的大山是馬來半島最高峰，論地形突起度能排到全球前二十名。白雲掩映其雄偉的輪廓，僅鋸齒狀的黑色群峰伸出雲領。從小我就常盯著書上這座山的照片，夢想攀登上山。位於地球另一側的這座山，在我腦海縈繞不去。

植物學家歷來也爲此地吸引。英國植物學者莉蓮・吉布斯（Lilian Gibbs），於一九一〇年成爲首位登頂京那巴魯山的女性，並在一九一三年完成山間植物相的紀錄。她描述當地人民「爲山注入豐富的傳說故事……在雲霧繚繞的山頂上，逝者的靈魂尋得永恆歸處。這個寓言的國度茂生青草，幽靈般的水牛群跟隨主人在暗影朦朧的草地間吃草。」[50]據聞這座山的名字意思就是「受敬畏的亡者之地」。看著在地平線上時隱時現的山峰，不難理解這座山何以被諸多傳說縈繞，一如霧氣繚繞飄緲。

京那巴魯山成爲植物學家的朝聖之地，幾世紀以來，衆人的冒險留下豐富的收藏與紀錄。溼滑的黑色山坡、長滿青苔的岩石、蕨類叢生的潮溼森林所拼成的這座山，是衆多植物的原鄉，植物種類多到令人眼花撩亂，甚至有很多至今只被觀察或蒐集到一次。著名英國植物學家艾德雷德・柯納（**Edred Corner**）曾經形容這座山的植物相是「聚集全世界最豐富、最令人驚奇的植物」。[51]首次登頂京那巴魯山的紀錄，是由時任英屬殖民地書記官的休・羅爵士（**Sir Hugh Low**）於一八五一年寫成的。十九世紀的歐洲有這樣一群冒險進取的植物收藏家，他們的探險活動對植物學的發展做出長足貢獻，休・羅爵士便是其中一人。京那巴魯山的最高峰和山中一座最荒冷、最少有人探勘的深溝，都以他命名。休・羅爵士在他一八五八年的那一次探勘，蒐集到「馬來王豬籠草」，隔年被約瑟夫・胡克爵士（**Sir Joseph Hooker**）形容爲「迄今發現最驚人的植物」，[52]且我認爲至今仍是如此——長出的捕蟲籠能有一隻家貓那麼大，誰看了不會著迷呢？休・羅爵士前後三次走訪京那巴魯山，其中兩次與英國駐汶萊總領事史賓賽・聖約翰（**Spencer St.**

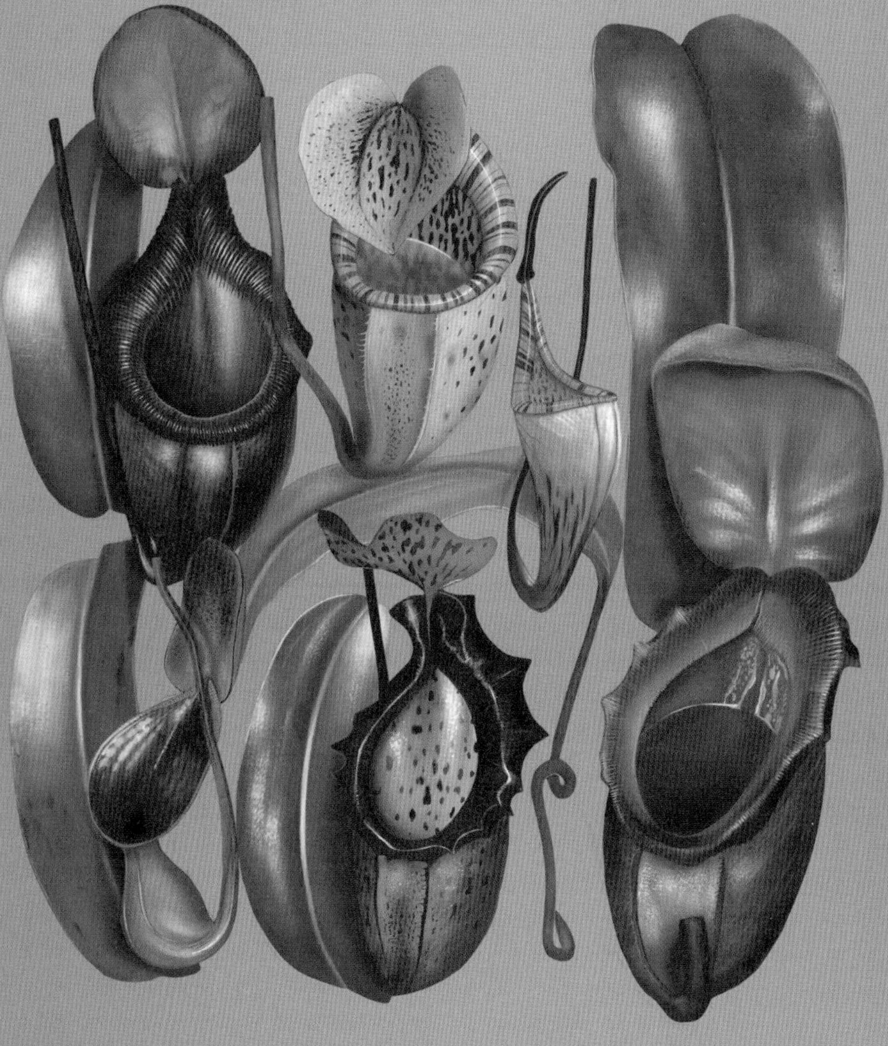

婆羅洲京那巴魯山的豬籠草屬捕蟲植物。左上起按順時針方向依序是：**京那巴魯豬籠草**（*Nepenthes* x *kinabaluensis*）、**豹斑豬籠草**、**暗色豬籠草**（*Nepenthes fusca*）、**馬來王豬籠草**、**阿里豬籠草**（*Nepenthes* x *alisaputrana*）、**羅氏豬籠草**（*Nepenthes lowii*）。

John）同行。聖約翰爲兩人的冒險寫下生動紀錄，他們途中遇到的豬籠草植物便占了很多篇幅，我在本章會節錄其中一些。

植物學家對這座山的興趣一路延續到二十世紀。瑪麗・史壯・克萊門斯（Mary Strong Clemens）懷抱無限熱忱，爲了研究投身東南亞最偏僻的荒野。一九一五年，她和丈夫約瑟夫在京那巴魯山花費數月蒐集植物，之後在一九三一到三三年又進行了一次，期間僅短暫離開山區幾次，到印尼茂物市（Bogor）整理及鑑別蒐集到的植物。住在山中的兩年，夫婦兩人棲身於臨時搭建的小屋和帳篷，蒐集了數千種植物樣本，收存在世界各地的標本館，且直到今天仍有很多尚待詳細檢查。

受到這些植物學家激勵，我也開始計畫自己的冒險。我能感覺這座山像塊磁鐵似的不住吸引我前去。二〇〇五年，我遊歷婆羅洲，沉浸於京那巴魯山的植物之中。那年夏天宛如一團綠影，我細細品賞那裡綠意盎然的每一方土地，查閱每一株蘭花和豬籠草，然後著魔一樣把它們通通記下。有一次，我在一星期內兩度上山又下山，一次走的是丁波漢登山口（Timpohon Gate）的熱門路線，另一次則從梅西勞（Mesilau）上山，路途困難不少，且因為多條路徑阻斷，現在已經無限期封閉。爬這座山的每一步都滿足著我的植物癮，滋養著青少年時期就種下的一顆種子，並推動我心中的某些東西前進。我像條蛇一樣滑溜翻越岩石、爬上樹木、攀下繩索，進入捕蟲植物樂園的最中心。

＊＊＊

開車載我的是個二十三歲的馬來青年，名叫華特・麥西穆斯（**Walter Maximus**），他說自己也是捕蟲植物愛好者。這麼巧的嗎？「你一定會喜歡這個地方。」他笑著說。與我們同行的還有西馬（馬來西亞半島地區）來的兩兄弟，肯恩和尚恩。我們在車上禮貌寒暄，互相認識，隨老舊的柴油四輪驅動車蜿蜒上山。一路上經過貼附在山壁上的小棚屋，以及一連串隨山路起伏賣熱帶水果的路邊攤，水果全都堆得很高。愈往山上，空氣愈漸清新，路邊升起長滿蕨類的陡峭土堤。一眨眼間，高聳的山峰已隱約進入視野。剛開始像地平線上一團烏青的雲，不久，極為醒目的崎嶇山體就出現了，像一頭大恐龍猛然跳出雨林，腳上還抓著綠葉彩帶——就是這了，我夢想的地方。我的心跳加速。

海拔一八六六公尺。我們在管理處辦妥登山註冊手續後，開車前往丁波漢登山口，準備攻頂。我坐立難安，不停動來動去，和開賽前的運動員沒兩樣。我們在登山口與嚮導會合，他是個矮小的馬來西亞男子，四十多歲，神情嚴肅，小麥色的雙腿肌肉健壯。我們背起行囊，往森林出發。這裡是一片熱帶低山地森林，林木以石櫟（*Lithocarpus*）、栲樹（*Castanopsis*）爲主，偶能見到雞毛松（*Podocarpus imbricatus*）。森林中泥土氣味濃郁，有青苔和腐植質的味道，像是十月的英國林地。從山頂下來的登山客與我們錯身而過，看上去各個一臉倦容，沒有人在笑。行進約一公里後，我們抵達卡森瀑布（**Carson's Fall**），這座山的衆多瀑布之一。流水在黑岩上濺起水花，大量苔蘚和蕨類生長在水氣氤氳的瀑布口。長約十四公里的山道，前六公里並不難走，中途有很多機會停下來欣賞植物。儘管時間不夠一一細看，我仍不時駐足觀察最引人注意的幾種，像是長到我們腳邊來、葉片垂軟像手掌的雙扇蕨（***Dipteris conjugata***）。

對一個植物狂來說，永遠不可能忘記自己發現的第一株豬籠草，我猜那種歡喜不亞於踢贏一場足球賽。我的第一株是毛蓋豬籠草（***Nepenthes tentaculate***），五個形狀完美的紫色捕蟲籠從青苔間推長出來。說實話，隊伍內其他人應該沒我這麼興奮，他們看起來急於向前推進，因爲路途還很漫長。幸好再往上走，我們又發現數十株。有些串連成藤蔓，

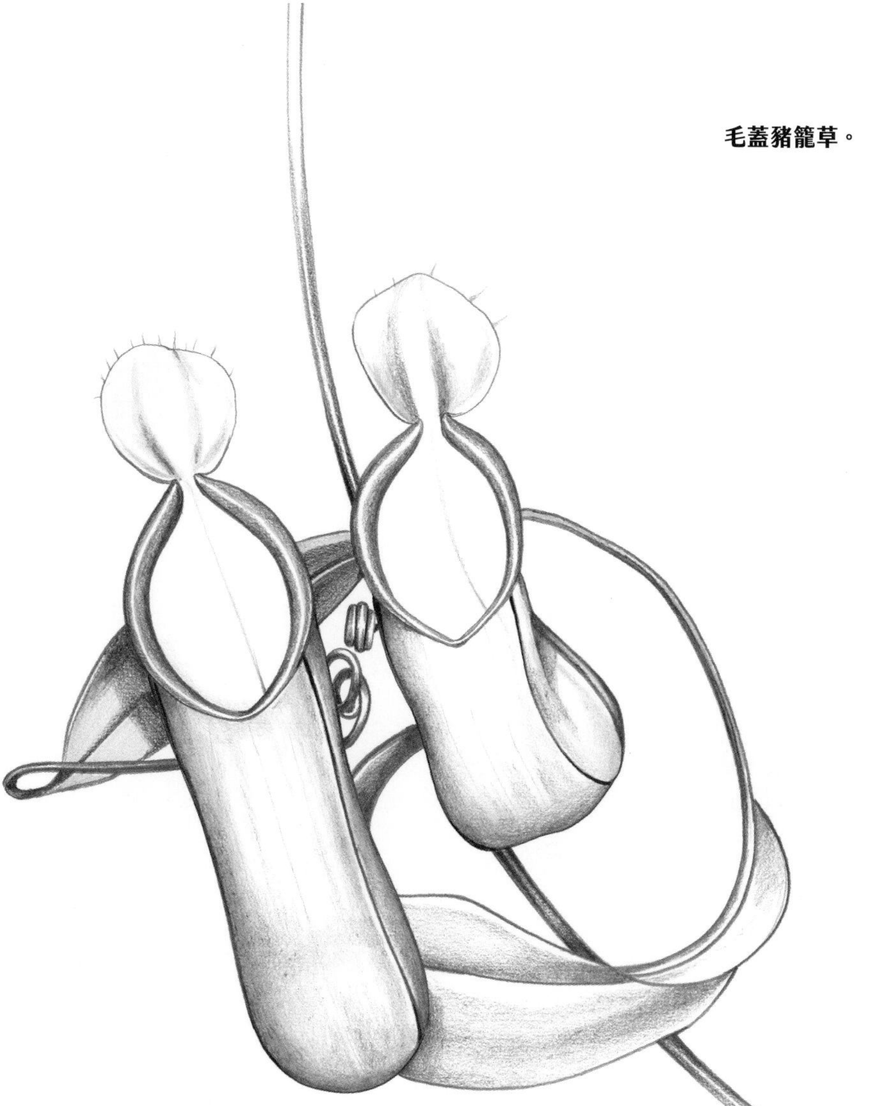

毛蓋豬籠草。

爬上狹葉杜鵑（*Rhododendron stenophyllum*）的枝幹，從我們頭頂上的樹枝垂掛下來。最大的一個有我拇指大，是楊桃的黃色，噴漆似的混了點紅。它們張大了捕蟲籠口，菱形的籠口顏色淺淡，就像葡萄表面的果粉。我輕輕推了其中一個，看它在卷鬚上玲瓏擺晃。一股麻癢的感覺竄上我的手指，好像嗑了藥一樣。第一次親身邂逅一株豬籠草，這一刻我不知道夢想了多少遍——我爲此等待多年，甚至可以說等了一輩子；而今此刻眞的到來，我恨不得能跳舞上山，尋找下一株。

海拔二二五二公尺。我很快發現，毛蓋豬籠草根本只是暖場。我們蜿蜒向上，往第三座休憩所羅氏涼亭（Pondok Lowii）前進。山道逐漸陡斜，山岳層疊成嶺的風景在林間時隱時現，隨雲變幻。空氣現在清新起來，植被也比較稀疏低矮；土壤變成泥濘的黃色黏土，與周圍的岩石同色。這爲下一株豬籠草的亮相搭好舞臺。我們在雲間找到它，一小叢長毛豬籠草（*Nepenthes villosa*），有數十株在蕨類、蘆葦叢生的山溝內攀進攀出，綿延不絕，把紅銅色帶齒的捕蟲籠拋得漫山遍野。令人洩氣的是，有很多株伸長了手也搆不到，但我找到幾株長在溼淋淋的山道旁。我蹲下來細看其中一株，用手指撫著它的一排紅牙。隊伍的其他人這回看起來也很開心，他們現在一定看出豬籠草對我的意義了——

因為我滿臉如痴如醉。沒過多久，他們指出豬籠草的速度已經快到我來不及看。一場尋找最大豬籠草的友誼賽就這樣在山中展開。

海拔二九〇〇公尺。開始會冷了，我穿上外套。真難想像今天的出發地是水氣蒸騰的熱帶。路上見到的植物還在我腦中嗡嗡作響，但我能感覺到小腿開始有點緊繃了。我們的嚮導把全隊留在山道主線，把我拉到一邊，眨著眼睛告訴我，這附近有我會喜歡的「好東西」。我們鑽進扎人的灌木叢，多半是吉布斯氏陸均松（*Dacrydium gibbsiae*），聞起來像溼潤的陶土。我們來到一座蕨葉蓊鬱的黏土質小丘，細密交錯的樹枝間長著叢叢莎草。然後我看到了：京那巴魯豬籠草。我站在那裡，目瞪口呆。樹木間潮溼昏暗，我能辨認出大約十五株。捕蟲籠大多已經乾枯發褐，但有幾株還是新鮮的血色，有大大的籠蓋和紅寶石色的籠口。它們有一股淡而好聞的氣味，難以形容——有點像舊書。我看進一個捕蟲籠，看到溺死的昆蟲殘骸在底部飄動。另一株似乎是今天才開的，籠口是純淨的紅寶石色，黃色的內部平滑中帶有光澤。要我與這些植物待上幾個小時都可以，我真的可以，但我們必須趕在天氣變壞以前繼續往今晚休息的山屋前進。

路上的蛇紋岩很快就被反曲桱柳梅（*Leptospermum recurvum*）小森林所盤據，彎彎曲曲的灰色枝椏，看上去就像日本的庭樹披上豌豆綠的陸均松。奇怪的是，走在這片滿布水澤、圓丘的山坡上，有一種走在高沼地的感覺，只是植物更蒼翠繁茂。長毛豬籠草在這裡很常見，我發現一種蘭科植物，可能是穗花蘭（*Dendrochilum stachyodes*），羽毛狀或黃或白的小花像畫框一樣框起了豬籠草。愈接近絨毛涼亭（Pondok Villosa），爬坡就愈累，我們屢次停下來短暫休息。我感覺皮膚發冷發黏。我戴上羊毛帽，除了保暖，一方面也是防止水珠滴入眼睛。我在佝僂的樹木之間瞥見陡直的懸崖，壁面覆蓋著橄欖綠色的地幔和繚繞的白雲。桱柳梅樹的形狀像顛倒的雨傘，林冠之下，斑駁的赤土小徑盤旋向上，穿過叢生的蘆葦和蕨葉。山道旁幾步外有個令人興奮的發現，是一株羅氏杜鵑（*Rhododendron lowii*），開著一串串大而鬆散的喇叭狀黃花，像雲裡透出一灘灘陽光。不久，我們又發現錯誤杜鵑（*Rhododendron fallacinum*），紅花鬆散成球。這個地方就像一座自栽自長的山中花園。

海拔三〇〇〇公尺。景物瞬間一變。植被更加稀疏，空氣更加稀薄。我們經過一名登山客，坐在山道旁嘀咕頭痛。巨大裸露的岩面突出於我們上方，板岩黑色的岩體不祥

長毛豬籠草，
婆羅洲京那巴魯山，
梅西勞山徑。

地進逼。白霧湧入並快速流動，盤繞被灰綠色森林覆蓋的山階。不久，十公尺外的景色忽然消失不見，雖然只是短短一瞬，仍讓我們幾乎看不見同伴。徒步穿越變幻的雲氣，山腰開始出現一片片拱起的巨大裸禿花崗岩板，我們的腳邊則是冒出濡溼、軟彈的苔蘚厚墊。紅褐色的崎嶇山道繞行盆栽似的樹木，樹幹披覆苔蘚和地衣，白花蘭科植物和其他天知道是什麼的附生植物垂掛在樹上。高大的劍葉莎草（*Machaerina falcata*）僵立在地面上的水流邊緣，貝母蘭（*Coelogyne papillosa*）的豎紋葉片像蜘蛛抱蛋（aspidistras）一樣簇生成團，葉叢間彎長出美得令人屏息的白花。我拜倒在花下，看著小巧的花在纖細的橙色花梗上晃蕩。

海拔三二七二公尺。我們抵達帕納拉班（Panalaban）旅舍和我們今晚過夜的拉班拉塔山屋（Laban Rata）。山屋外觀平平無奇，只是一棟奶白色的房屋，有成排的小窗戶，看似脆弱的梯子和露臺以螺栓固定在牆面，頂峰大象灰的岩壁陡立在屋頂上方。屋內已聚集了一大群人，空氣瀰漫疲憊的氣息和肌肉痠痛藥膏的薄荷涼味。能來一罐冰啤酒就好了，但菜單上沒有啤酒（也沒多少東西），我在自助餐檯拿了炒麵和發黃的蔬菜湊合著當作一餐。蓋著刺癢的棕色毛毯，我只睡了一小時。不管我怎麼揮趕褐色小蟑螂，它們

婆羅洲，京那巴魯山

還是從四面八方湧向床鋪。我聽見周圍的人低聲討論旅行路線和海龜保育區。我瞪著上鋪的床底，看見豬籠草和蘭科植物在黑暗中盛開。凌晨兩點，我們動身出發攻頂。

即便是樂園也有颱風吹襲。京那巴魯山雖然公認是很好攻頂的山，但遇上壞天氣，也能轉瞬化爲危險惡地。我們憑藉手電筒燈光排成一列，懷抱不屈的決心走上陡峭的頂峰山徑。高度讓我略有些胸悶作嘔（又或是山屋沒提供啤酒的緣故）。陣陣溼冷的

危險路段，請盡速通過。

ZON BERBAHAYA
DANGER ZONE
PLEASE MOVE FASTER THROUGH THIS ZONE

京那巴魯豬籠草，婆羅洲京那巴魯山，頂峰山徑。

強風，把我們全隊釘在岩石上動彈不得。這和我想像的不一樣，我還以爲能在植物間愉快散步。不過，現在回不了頭了，我在心裡想，同時看到十來個登山客選擇回頭。握起淋溼發白的雙手，我跟上其他人繼續挺進。我們踩著溼鞋爬上陡斜滑溜的木梯，靠引導繩支撐，翻越被雨打得黑白斑斑的冰冷圓岩。我在這些斑駁岩壁的背風面看到銀灰色矮樹叢探出石縫，但能見度太差，也沒有多少機會能加以調查。

海拔三六六八公尺。我們在呼嘯狂風中抵達峰頂下的薩亞薩亞（**Sayat Sayat**）檢查站。片片雨水從我們腳下吹起，瀑布在我們腳邊生成，現在就連嘗試攻頂羅氏峰（**Low's Peak**）都太危險，於是我們聚集在避難處，渾身溼冷，等待風雨過去。天亮後，颱風逐漸緩和，我們循原路下返回到拉班拉塔山屋，喝杯美祿暖暖身子。途中雲氣散去，露出條帶似的花叢，是這座山上分布海拔最高的擬歐石楠杜鵑（*Rhododendron ericoides*），塡滿頂峰高原的所有裂隙。生長在這裡的植物，很多皆以形似其他高山植物聞名。我甘願曠日廢時研究它們，一一加以分辨。

下山行經被暴風雨洗刷過的灌木叢，周圍異常寧靜，只有繚繞的雲與霧。這是個孤寂之地。我想到那些迷失在山中的人，有些再也沒人見到蹤影。偶爾有一聲響亮的蛙鳴，刺破悶住聲音的潮溼空氣。怕我不夠沮喪似的，我的背包背帶在這個時候斷了，幸而我們足智多謀的嚮導拿了條鬆緊帶綁住背帶（牢固到維持了一個月）。回到基地營，趁著等接駁車，我吃了玉米濃湯配飯，一面感嘆怎麼才吃幾口就沒了。我兩腿痠痛，心裡忍不住想，不知道何時才會恢復到能再度爬山。

那一天傍晚，我啜著茉莉花茶，看著樹鼩在夕照下飛竄在雨林的枝頭間，同時像所有在我之前的植物學者一樣，思索著我邂逅的每一種美麗植物。

親眼目睹這些植物生長得健康茁壯，這種感觸使我永生難忘——如此體驗一生少有。

弗德里克．伯比奇（Frederick William Burbidge），一八八〇年。[53]

＊＊＊

當週第二次攻頂，我走另一條比較長的路線。一早我就出發搭車，司機是個開朗的中年婦人，她會重複念誦馬來語單詞，在我學著說的時候親切地笑著看我。車子突突噴氣駛進山裡，經過長滿草和蕨類的陡峭溪岸，空氣逐漸冷冽起來。我們在北根納巴魯（**Pekan Nabalu**）停車，這裡是山麓周圍一個觀山點，有許多攤販在此聚集。形似海膽的榴槤在攤子上高高堆成綠色或棕色的金字塔，空氣瀰漫異香。這裡賣的有兩種：一種是綠色短刺的，另一種叫「叢林榴槤」，刺尖而長，又圓又大像個足球。我用四令吉買了一個棕色的。老闆娘熟練地剖開榴槤，我望向黏滑的果肉，杏仁狀的大果核在中間泛著光澤。布丁色的果肉有酪梨熟透的口感，味道像水煮過的糖果，只是又多了點生蒜味。奇特的口味，不過吃進胃裡暖暖的，像喝了一杯威士忌。很適合帶上路。

頂著毛毛雨，我在梅西勞登山口等我的嚮導。半小時後，他來了。拉敏身穿紅色登山裝，身形瘦削，坐三望四的年紀。他得意地告訴我，他兒子上星期剛出生。我拍拍他的背，與他動身出發，翻越京那巴魯山遼闊的東脊。山徑上的灰石頭被樹木的板根牢牢網住。除了我們的腳步聲和偶爾聽見的潺潺溪水，這片被苔蘚包覆的森林悄靜無聲。空氣溼潤甘甜，像秋日的落葉。比較陡峭的路段有搖搖晃晃的層層木階，兩側就是陡直的堤岸。堤岸上，朽爛的樹樁和樹枝交錯成網，鋪著厚厚的繡紅色蘚苔，蕨類從中彎彎曲曲伸出括號似的葉子。木階盡頭接上一條鑿進岩石的赤土小徑，在長滿青苔的林間小空地繞進繞出，空地上開著蘭科植物的白花或黃花。「你看你看。」拉敏指著一小片秋海棠，用馬來語高呼。我們一起看著花叢，但現在沒時間停在這裡辨認植物，路途還很遠，所以我們繼續前進。不久，我遇到迄今見過最美的毛蓋豬籠草，胖胖的紫色捕蟲籠至少有七公分長，因自身重量被半拉進青苔中。旁邊比較大的捕蟲籠是熟檸檬的顏色，正好垂掛在視線高度。我們很快又看見十幾條纖細的豬籠草莖穿出亂草。

我們停下休息，拉敏請我吃了幾個他太太爲他做的小零嘴，是很有嚼勁的小糰子，入口有濃濃花生香。我們靜靜坐著，享受山中清新的空氣。他的話不多（相較於我），所以忽然聽他問起我的人生有何打算，我還挺意外的。他看得出我對植物感興趣（太明顯了），他大概以爲我中了大自然的魔咒，所以我沒跟他說我對植物情有獨鍾，打算把一生奉獻給植物、追著它們跑遍世界——他聽了會覺得我有毛病吧？多數人跟他說的想必都是些ＩＴ工程師之類的職業。我嘟囔了些什麼生態保育的，他好像很滿意這個回答。

我們默默越過山的東脊，中途不時停下腳步，在每走約半公里就有一座的迷你木造六角涼亭歇腳。木荷涼亭（Pondok Schima）是我們遇到的第一座，透過開敞的林冠可以望見藍綠色的山壁凹槽閃閃發光。稀子蕨（*Monachosorum subdigitatum*）纖細的深綠羽葉低垂在頭頂。青苔悄悄爬上樹幹，像柔軟的鐘乳石似的垂下枝梢。我摸了摸其中一條，它排出一注水，流下我的手臂。從竹亭（Pondok Bambu）下切，我們回到灌木叢幽藍的陰影裡，來到豬籠草亭（Pondok Nepenthes），可眞是個吉利的名字。我們橫越基普悠吊橋（Kipuyut），橋身由一連串木板和綠網構成，兩側蘆葦環生。下方，西梅西勞河沖刷在平滑光潤的大石頭上。爬上小木梯，進入光影斑斑的鼠尾草色森林後，我們走上山嘴，再度進入林冠明亮敞開的區域。這是我們第一次看到整座雄偉的山矗立在前方。我們在原地站了一會兒，凝望著山，彼此相對無話。

樹葉溼透了。長滿青苔且滴著水的樹枝上，垂掛著梳狀石仙桃（*Pholidota pectinata*）小巧的白花串。我們沿途不時看到長毛豬籠草的藤蔓匍匐爬行，不過大多沒有捕蟲籠。但是，就在山徑四點五公里處，我發現了很不得了的一株！它長在我頭上約兩公尺高、蕨葉叢生的陡崖上，二十個左右的大捕蟲籠披垂在岩石間。矮胖木頭色的、新鮮蘋果綠的，全都擠挨在一塊，各自懸掛在不同高度。我在山徑外又發現更多捕蟲籠，半數隱沒在青苔後，或黃或紅的籠口打哈欠似的大大張開。我匆匆畫下素描，心裡惦記前方的漫長路途。我們繼續前進。

海拔二七〇〇公尺。就在拉央拉央（**Layang-Layang**，意爲「燕子之地」）上方，山路離開濃密的森林，與頂峰山徑會合。我們登上石階的速度慢了下來，因爲空氣逐漸冷冽稀薄，土壤也變成潮溼黏稠的黏土。一整天，山中只有我和拉敏，現在我們也加入了其他手持登山杖，身穿紅、藍、灰防水裝的登山客行列。我們停停走走往上爬，迂迴通過纏結的青苔樹枝後，熟悉的拉班拉塔山屋出現在眼前，時間是下午四點半。這一天剩下的時間我都在山屋休息、寫日記。透過窗戶，我看見霧如潮水湧入，像一張白色毛毯裹住山屋。

我和大家一樣在凌晨兩點爬起床。就著昏黃的燈光，我在這群睡眼惺忪、渾身塗滿薄荷藥膏的人裡尋找拉敏的身影。屋裡有種充滿決心的氛圍，彷彿賽前群聚在起跑線上的跑步選手。一小時後，不見愧色的拉敏和我才戴著沉重的頭燈，穿著沙沙作響的 **Gore-tex** 防水防風外套，出發走進黑暗。風又冷又強，幸好沒有下雨，所以在薩亞薩亞短暫休息十分鐘後，我們便賣力攻向羅氏峰。我們摸著引導繩奮力通過「危險路段」，滑溜翻越黑色巨岩。霧氣冷得讓人受不了，還潮溼到滴水，因此我們在危險且毫無遮蔽物的峰頂總共只待了三分鐘。我們表現得很好，攻頂只用了不到兩小時。

我們蹣跚回到拉班拉塔山屋，欣賞動人的沙巴（**Sabah**）風景：藍綠色的大地在我們眼前綿延展開，金橘的晨光從山後升起，照亮我們背後的岩坡。我現在明白人們爲什麼想爬這座山了，即使對植物**並不**著迷也一樣。回到梅西勞登山口的路途遠比上山艱難。我四肢痠痛，山徑在草木繁茂的丘谷間穿進穿出，我們不自覺放慢腳步。幸運的是，我獲得遠超辛苦的補償，我看見一株矮壯的細花絨蘭（***Aeridostachya robusta***）冒出枯木，向周圍的幽暗投出一束束粗厚而帶弧度的粉色花序。我的水喝光了，於是我們在一條清冷的溪邊補滿水壺。終於脫離草木茂密的昏暗山道，走進陽光充足的空地時，我鬆了口氣，意識到我們回到梅西勞了。我謝謝拉敏一路上協助我登頂及尋找植物，他說這是他的榮幸，語畢向我要了二十令吉小費。

＊＊＊

細花絨蘭，婆羅洲，
從京那巴魯山頂下返
梅西勞登山口途中。

高爾夫球場是個遺憾：我們的生物圈中植物最豐富多樣的一個角落被剷平了拿來種草，億萬年來形塑的動植物相，轉眼間被抹殺殆盡。我猜在這裡興建高爾夫球場是爲了景觀，在那個年代，大家都覺得我們可以單純把大自然移去一旁，我們甚至還不知道什麼是氣候變遷、冰河融化、海平面變化。但我現在不能因此洩氣，至少今天不行。我前往舊山崩地點，現存最大的馬來王豬籠草群落仍舊生長在那裡。小徑始於山中的雨林，一條顫巍巍的橋跨越水花四濺的小溪，豔紅的薑花在橋邊愣愣地看著我。在這附近，爲了保育目的栽種了一片「豬籠草花園」。園裡有各式各樣的自然交種，採集自京那巴魯國家公園各地，很多我都沒見過。我花了寶貴的一分鐘，欣賞琳瑯滿目、做夢也沒想過存在的豬籠草。

我循路越過坡尖，聽到東梅西勞河在我右下方猛烈奔流。在我上方是一道長滿小樹的陡坡，溼漉漉的黑樹幹上，零散長著地衣、彎彎的蕨葉、莎草，偶爾也有高山蘭科植物。空氣溼潤，有晨露的芬芳。我走得很慢，才剛爬過山，還很疲憊。但一看到幾十個張大黃色籠口的巨大酒紅色捕蟲籠，疲勞隨即消失一空。它們到處都是，不是垂掛於樹枝，就是彩帶般裝飾在小樹上，或披在潮溼的岩架上——是的，我被豬籠草包圍了！灰綠色霧面的巨大葉片伸得到處都是，卷鬚四處摸索，尋找合適地點放置發育中的捕蟲籠，有些直接就長到了山徑上。我在一團灰灰溼溼的灌木叢裡找到長得最漂亮的一個。那是一個大得不可思議的樣本，橢圓勺形的籠蓋大得像個餐盤，黃綠色的內裡煥發光澤，儼然是端坐岩石寶座的一株馬來王豬籠草。我看進它水桶狀的結構內部，感覺既怪誕又美麗——別問我這兩者怎麼能並存，眞的就是這樣。我托著捕蟲籠，看到底部褐色糖漿似的小水池左右潑濺，還看到橫線一樣的孑孓在池底抽動。在婆羅洲雲霧繚繞的半山腰與馬來王豬籠草相伴而坐，這段經驗令人難以忘懷，彷彿不屬於這個世界。

另一次陡峭上攀八百英尺，帶我們上抵馬雷帕雷（Marei Parei）山嘴，該處地面長滿壯觀的豬籠草，正是我們此行尋找的目標。這一種名為馬來王豬籠草，植株約四英尺高，每一側都有寬葉向外生長；巨大的捕蟲籠圍繞植株散落於地面，形狀大小都很驚人……確實是大自然最令人稱奇的產物。

史賓賽・聖約翰爵士，一八五八年。[54]

長在東梅西勞河畔山坡上的**馬來王豬籠草**，
婆羅洲京那巴魯山。

很不幸的是，二〇一五年六月五日，京那巴魯山遭地震襲擊，震度之強是一九七〇年代以來首見；包括登山客和山地嚮導在內，共有十八人在地震及隨後發生的大規模山崩中喪生。梅西勞路線受到的影響特別嚴重，現在無限期封閉，多處路段以及一路上生長的美妙植物都不復存在了。

＊＊＊

我今天撞鬼了——你要是也看見了，就能懂我的意思——豹斑豬籠草當眞是豬籠草界的幽靈。它就像一張負片，象牙白的捕蟲籠上濺灑著藝術家嚮往的明暗漸變的洋紅色，因此又被稱爲「彩繪豬籠草」。豹斑豬籠草生長在皮諾索高原（**Pinosok Plateau**）約兩千公尺高度的超鎂鐵質岩（火成岩）坡，周圍一同生長的還有馬來王豬籠草，以及兩者雜交生出的阿里豬籠草。論捕蟲籠的大小，誰也比不上我昨天看到的馬來王豬籠草；不過，豹斑豬籠草自有一種出塵的美。在滿是青苔的黑土襯托下，瓷壺般的捕蟲籠光采照人。燈籠。沒錯，讓我聯想到燈籠。

這個種類在一八五八年由休・羅爵士和史賓賽・聖約翰發現，以探險家伯比奇的姓氏命名。伯比奇為著名的維奇苗圃（Veitch Nurseries）*蒐集熱帶植物，一八七七年自行攀登上這座山。我忽然意識到，他們比我早了一個半世紀與這種植物相遇：

橫渡霍邦河（Hobang）後，一道陡坡領我們上達西部支脈，山徑就沿著支脈前進。就在這裡，約四千英尺高處，羅氏發現一株白色帶斑點的美麗豬籠草，在他當時認識的二十二種豬籠草科植物裡，他認為就屬此種最美：玫瑰粉色的斑點不規則覆蓋白色捕蟲籠，呈現極其秀麗的的圖式……這是一種攀藤植物，長度介於十五到二十英尺不等。

史賓賽・聖約翰，一八六二年。[55]

＊＊＊

山中花園座落在一條對外隔絕的濃蔭小徑盡頭處的森林裡，海拔約五二〇〇公尺，空

＊譯註：維奇苗圃是十九世紀歐洲最大的家族經營苗圃，由約翰・維奇（John Veitch）創立於一八〇八年。英國維多利亞時代的許多「植物獵人」，即植物採集人，皆受雇於維奇家族。

氣在這裡芬芳甘甜又清新；冷冽的閃耀溪（**Silau Silau**）沖刷拍打，流過這片蓊鬱。這片綠洲不受遊客打擾，坐擁京那巴魯山一些極其罕見的植物寶藏，只有在這裡才能見到這麼多種植物比鄰而生（摔落山崖的風險又小）。這片自由生長的寧靜花園裡，滿是稀有的蘭科和豬籠草植物，緊挨在葉色綠如寶石的灌木樹幹上，或溼軟的芭蕉葉和野牡丹藤（***Medinilla***）簇生的塑膠粉色果實之間。我沒見到是誰在這裡工作，但那個人一定很愛這個地方。

我找到兩株馬來王豬籠草樣本，一株沒有捕蟲籠，另一株的捕蟲籠呈深紅色帶大理石紋，大小適中，外觀遠不如野生群落來得搶眼，可能是因爲這裡的生長環境比較陰暗。我在花園邊緣發現一個圍起的區域，植物在上鎖的圍籬後生長。層架上排列著花盆，有好些植物逃出了自己的小盆，我看到羅氏仙履蘭（***Paphiopedilum rothschildianum***），沙巴州的代表花，有「京那巴魯的黃金」之稱。好幾朵花開了，萼片上有許多圓點，如鷹展翅向旁張開，有餐盤那麼寬。我在一旁還看到舞蹈女人蘭（***Stikorchis***），看到它綠色小花的輪廓果眞像極豐滿的女人，我噗哧笑了出來。

阿里豬籠草，
婆羅洲京那巴魯山，皮諾索高原。

豹斑豬籠草，婆羅洲京那巴魯山，皮諾索高原。

花園裡的樹大多被青苔覆蓋，有的樹杈處還長出巨大的鳥巢蕨。有一棵長在這裡的樹，是水桉（*Tristaniopsis*）的一種，藍灰帶橘色的樹幹平滑得像大理石，與桉樹（尤加利樹）隱約有點像（但親緣關係很遠）。相形之下，一旁的長鉤葉藤（*Plectocomia elongata*）顯得對比強烈，莖上長滿陰險的刺，能夠對人施以重傷，不過螞蟻隊伍倒是不屈不撓地在上面來回行軍。

在花園裡爲人遺忘的角落，我發現一株少見的羅氏豬籠草與窄葉豬籠草雜交種（*Nepenthes lowii* x *N. stenophylla*），捕蟲籠像個大大的罐子。我在約莫一公尺外找到它的親代羅氏豬籠草，從樹枝垂下不凡的聖杯。另一邊，有著酷似藤本植物蔓藤莖的愛德華豬籠草（*Nepenthes edwardsiana*），向外拋出十來個橘紅色的捕蟲籠，內部是對比鮮明的蘋果肉色。單以土地面積來說，這座才一公頃的花園可能是全世界植物聚集最豐富的地方。

滿足了豬籠草癮，我返回基地營，搭乘巴士前往沙巴首府亞庇（Kota Kinabalu），車上瀰漫著水果爛熟和嘔吐物的刺鼻氣味，但當我看著全世界最大的植物紀念碑慢慢從視野裡消失，卻感到平靜而滿足。我的心底騷動著一種奇怪的感覺，彷彿有很重要的事在剛剛發生了，但我不確定是什麼。

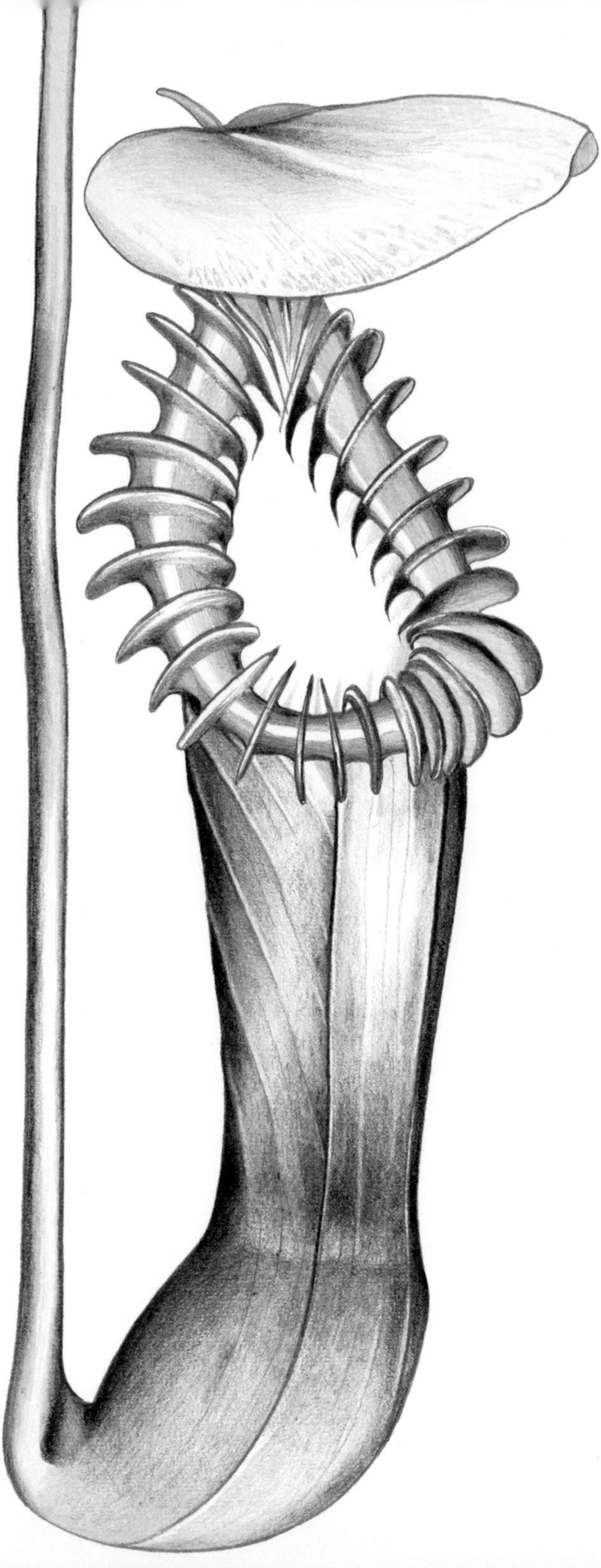

愛德華豬籠草。

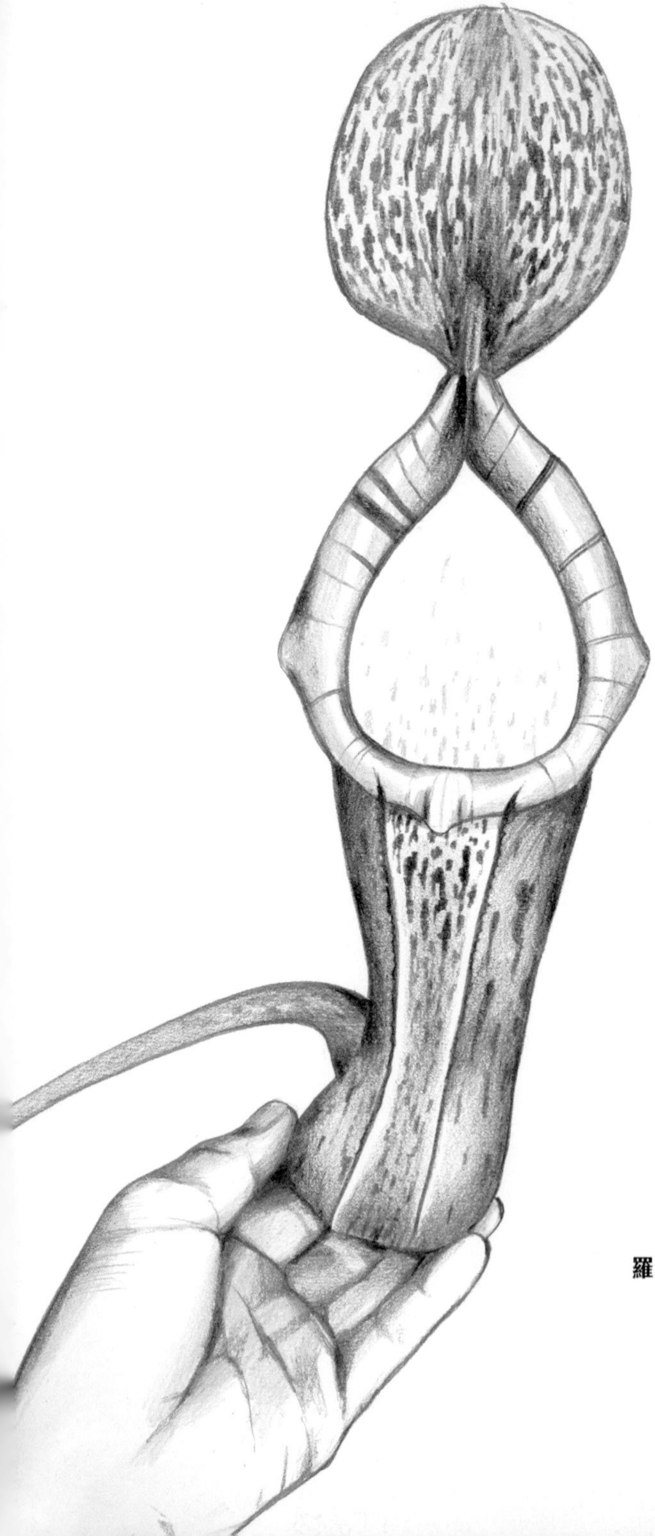

羅氏豬籠草與**窄葉豬籠草**
雜交種。

＊＊＊

每一種成癮都會要人付出代價，它會消耗你的身體、你的心智、你的靈魂。我也不例外：把我帶來這裡，拖著我在溼滑山路上七手八腳、連滾帶爬，攀上岩石、溜下繩索，推著我爬上樹、走向岩尖的那股癮頭，也讓我付出了代價。今天我的兩腿痛得要命，幾乎下不了床，一整個月都在山間上下跋涉就是會這樣，但我還是會不顧一切安排下一趟旅程——這就是成癮的魔力，我永遠需要找到更狂野、更不可思議，或是大得不得了的植物。說眞的，沒找到的話，我是不會休息的，因爲既然已經在心中預見一朵全世界最大的花，不親眼一睹怎麼可以，你說是吧？我要找到它，不計代價，然後認識它的生長環境，沉浸在它的美之中。

＊＊＊

我們今天的目的地是波令（Poring）一帶的雨林，地處京那巴魯山山腳，以溫泉聞名。我們計畫在這裡觀察低海拔森林植物相，順道狩獵巨花。有兩名觀光客與我同行，一個日本女子和一個義大利男子，以及我們健談的嚮導，一路上他不停指出有趣的樹給我們看。我們在山下的市場停留了一會兒，嘗了「**tarap**」（香菠蘿，***Artocarpus odoratissimus***），繼榴槤後另一種異香撲鼻的大型水果（這些水果在當地似乎很受歡迎！）。攤位上，七個橄欖棕色的大果球串成一串，我懷疑如果再多串一個，攤子可能就會垮掉。它長得很像波羅蜜，但我深深相信，它應該比波羅蜜厲害得多。果殼一撬開，一堆海鞘似的奇特白色黏滑結構噴湧而出，吃起來像溫的香草冰淇淋（如果真的有這種東西的話）。我們也嘗了長得像荔枝的紅毛丹（***Nephelium lappaceum***）和其他各種奇珍異果。這裡的人相當以本土水果自豪，我想了想，覺得最好還是別說我其實只想吃一根香蕉。

雨林內放眼望去，多是成排高聳的龍腦香樹（***dipterocarp***）。昆蟲發出熱烈的陣陣顫音，熱帶鳥類也在樹梢應和。我們穿越喧囂的荒野，看見各式各樣熱帶作物在溫暖潮溼的環境裡旺盛生長，有無花果、薑、山芋、香菠蘿樹，以及人工栽種的木薯（***Manihot esculenta***），葉形和大麻葉很像。高聳的竹子和象耳般碩大的蘭嶼姑婆芋（***Alocasia macrorrhizos***）升起於幽暗處，後者大到超乎想像的葉子，遇到颱風時能用來充當雨傘。要是平常我可以在這裡混上一個下午。

筆直如箭的樹木被雨水打黑，我的視線順著樹幹往上看向林冠，百萬片碎葉的剪影阻截白光，一圈圈藤蔓又將陽光導回向下。忽然，在這片綠色的混沌中，我們撞見奇景：一株巨大的藍氏魔芋（*Amorphophallus lambii*）冒出林床，花穗正結成果實；肥碩的莖頂著玻璃橘色的圓錐狀漿果，在枯葉堆中神采奕奕，彷彿從內部發出光。經過一番搜索，我們找到一株開花的樣本。這才像話嘛。我在植株旁興奮到跳上跳下，其他人見狀都笑了。它的佛焰苞質感像皮革，是栗紅色的，帶有皺紋，肥碩的肉穗花序則是灰藍色的。藍氏魔芋是巨花魔芋（*Amorphophallus titanum*）的近親——植物園的巨花魔芋每次開花就會登上頭條。我還記得小時候家人帶我去邱園見過一株；我也記得我抬頭望著它，心底有些什麼在翻騰。大概是多巴胺吧。

午飯後，其他人動身前往森林裡的天然溫泉，只有我依依不捨留在原地，把握寶貴時光吸收這一切。我被這個地方迷住了，徹底中了這裡的綠色魔咒。千百株植物團團圍住我，我到處細看不熟悉的植物，一會兒翻翻這片葉子，一會兒翻翻那片：搞不好是罕見且瀕危的物種，又說不定是科學新發現，能治療甚至還不存在的疾病，誰知道呢？我有長長的一生可以奉獻給植物，但我年輕氣盛，沒有耐心，現在還有一種植物我不看不行。

藍氏魔芋，
婆羅洲波令的雨林內。

「跟我來，克里斯，我帶你去看特別的花。」嚮導低聲在我耳邊說，賊賊的笑容透露興奮。我們留下其他人在溫泉區，兩人穿過雨林空地，經過牛群，攀下一道山坡，終於來到樹林茂密陰涼的山丘，周圍環繞成排竹子。地主特意保護起這一小片區域，向希望一睹世界最大花朵的遊客收費，賺點生態旅遊的外快。我們向前走近，空氣中忽然像是充滿一百萬隻昆蟲的電音嗡鳴，尖叫著要我們快進去。我們走進樹林，壓低交談音量，好像深怕植物聽見我們靠近。

下一秒，彷彿做夢一般，我已經站在人堆裡。是屍花——凱氏大王花（*Rafflesia keithii*）。我心跳加速。眼前有好幾朵，各處在不同發育階段。有一株一星期前才開的，花正處於盛開。我像塊磁鐵被它吸過去，但動作很慢，像在水中走路。真不像地球上的生物，長得和我童年珍愛的書裡的圖片一模一樣，也和印在我腦海裡的樣子一模一樣——是預感也好，是夢想也罷，是的，全都是的，此刻全都活生生出現了。我在花旁跪下，仔細看著它，吸收它的顏色。整朵花大約一公尺寬，鏽紅色的花瓣有許多疣突，軟塌在地上。花朵中心是個圓碗般的凹室，裡頭藏著多刺的圓盤，活像義式蛋白霜，再加上小小的棕色砲塔。我也注意到花朵周圍有花苞冒出溫暖潮溼的土壤，長得像粉紅色的結球甘藍。其中一個有足球那麼大，看起來好像隨時可能在我面前炸開；也有比較小的，大概網球大小，長成一排，都被地主用葉子小心遮住，以免引來遊客不必要的關注。我們在附近的山坡上看到花朵凋萎後腐爛的殘軀，黏糊糊的，通體發黑；原先被寄生的崖爬藤（***Tetrastigma***）上則留下小火山坑似的疤。我能看到花開花謝的整個過程就在我四周上演。我細看一個花苞，並伸手輕輕摩挲。花苞看起來充滿希望。不知道等到盛開時，會是誰爲這朵花發出驚嘆呢，我喃喃對自己說。

該走了，我揩掉臉頰上的汗，這才難爲情地意識到自己落淚了。八成是太興奮了——跟一口氣拆開所有耶誕禮物的孩子一樣——肯定是這樣的。我們把枯葉仔細蓋回去，然後默默起身走出林間空地，穿越橫渡溪流的小竹橋，悄悄離開，一如我們悄悄來到。

首位親睹大王花的英國人，是博物學者約瑟夫．阿諾博士（Dr. Joseph Arnold）。一八一八年，他赴西蘇門答臘島考察。一名馬來人侍從（阿諾的紀錄中未提到名字）帶他去看該株植物樣本，對他說：「快來，先生，跟我來！很大的花，很漂亮，美極了！」阿諾對那一趟旅途的記述是這樣開頭的：「我喜不自勝想告訴你，我意外見到了一種植物，我認為它是植物界最偉大的創造。」[56]

＊＊＊

現在回到家了，我會告訴你：不夠，這樣還不夠。夢見它們，與它們共度時光，對它們上癮，爲它們著魔，追著它們下懸崖，爲它們跌倒摔跤、目視太陽，依然不夠。不。你不可能全身滿溢電流，卻什麼都不做，是吧？那樣你會爆炸的。所以我這麼做：我睜著眼睛躺在昏濛的光線中，讓念頭在腦中扎根。我看著植物在天花板緩緩展開——顏色、形狀——吸收力量，化爲眞實，雄踞一方。有時我也看著植物死去，因爲我學到，在畫布上讓植物栩栩如生的，是死亡——一片枯萎的葉子、一個缺口、一道皺紋。是的，我耐心等待它們的莖在我頭上蔓延，悄悄爬下牆壁，交纏相繞，尋找自己的空間。再來是細節。**細節，細節很重要**。每一根纖毛、每一條葉脈、每一粒花粉——一個都不能少。

然後，我畫畫。

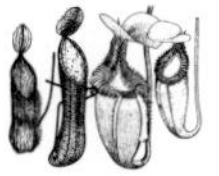

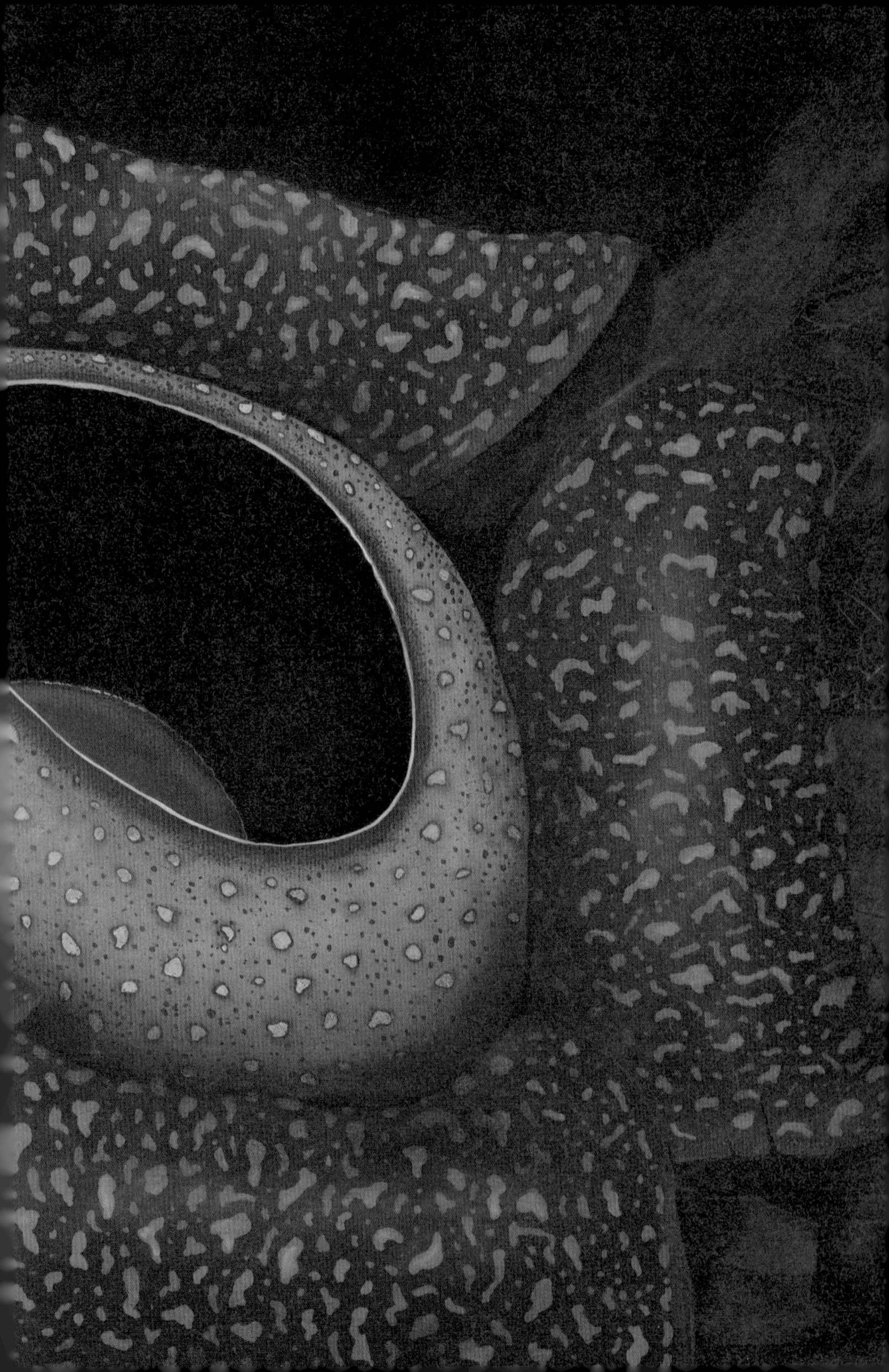

凱氏大王花，婆羅洲波令的雨林內。

謝辭

植物學者的生活原來有這麼多驚奇歡笑，這都是書中與我結伴同行的各位的功勞，我想按照出場順序謝謝你們：謝謝我親愛的家人給我自由，放任我成爲今天這個會訓練蟾蜍、狩獵列當、攀爬懸崖的植物學者。謝謝威廉在北愛爾蘭的慷慨接待；謝謝弗雷的耐心對待（在每個方面）。謝謝南非克魯沙漠國家植物園熱心相助的員工。在以色列則要謝謝我朋友尤瓦（特拉維夫植物園園長）、奧利（耶路撒冷植物園科學研究主任）和植物學者達。謝謝阿弗雷多（**Jardín de Aclimatación de La Orotava** 植物園園長）帶我參觀園內每一個植物種，也謝謝馬提亞斯（**Arrecife Natura** 創辦人）和其家人朋友，讓我在他們美麗的島上感到賓至如歸。日本考察之行，我欠下許多人情：謝謝班（忍受我這個旅伴！）；謝謝艾莉森熱心指引地點，且爲第六章提出諸多改善建議。誠心感謝多位日本植物學者不辭勞苦與我們分享當地植物，我按都道府縣一一表示謝意：富山植物園的中田先生（園長）、後藤先生、大原先生與其他諸位；東京大學的坂上教授和木村教授；牧野植物園的前田綾子和松野倫代小姐；沖繩美麗海財團的阿部篤志和赤井賢成先生。

謝辭

謝謝馬來西亞婆羅洲多位山地嚮導耐心與我分享他們無與倫比的植物。也謝謝世界各地許許多多的人，儘管我永遠無法得知你們的名字，但我們有幸曾經用植物的語言交流。

日本之行若無 Jane Impey 和 Junko Oikawa 鼎力相助，不可能成行，是他們兩位協助與牛津大學打通關係。赴加納利群島和中東的考察，則是由牛津大學李納克爾學院（Linacre College）贊助。

最後我想感謝 Kew Publishing 出版團隊的 Lydia White 和 Gina Fullerlove，以及 University of Chicago Press 出版團隊的 Joseph Calamia。作者如我不可能遇上更好的合作團隊了。

生長在婆羅洲京那巴魯山的**長毛豬籠草**。

我等了十六年才動筆畫這幅畫。我至今仍然清楚記得這個念頭開始孕育的那一刻：我的所在之處；我能聞到的苔蘚的氣味，我仍然能感受到指尖下溼潤絨面的捕蟲籠。繪畫以一種難以言喻的方式，帶我回到曾經的某個地方。

我需要置身在畫裡：超級寫實主義（hyperrealism）——類似高解析度攝影的一種繪畫風格——就是這種技法帶我回到當下。

我首先在碎紙片上畫草圖，再依比例放大。我按照實物大小作畫。如果是這些植物，代表要放大到A0尺寸。對構圖滿意後，我會用底漆把空的形狀填滿。顏料我不挑剔——牆漆就很夠了。接著我換用油彩，從背景畫起。我會一層一層薄塗（罩染），建立景深。很多細節會在過程中消失。例如左側雲霧繚繞的山坡——山坡上錯綜複雜的樹枝會消失在雲谷中。聽起來可能像多此一舉，但對我來說很重要，我需要知道那裡有這些細節存在，即便你看不見。

我用了十幾支畫筆，但你看到的大多是用拉線筆畫的。拉線筆的筆鋒長，能吸收手的晃動，過去畫家常用來勾勒船隻的索具。緩慢、穩定的運筆——這就是訣竅，任何一丁點遲疑都會被捕捉進畫面裡，這樣的事我不能容忍。油彩的氣味薰得人發暈，但我太投入於細節，絲毫沒注意到。畫完山坡之後是苔蘚，苔蘚之後是蘭花——再接下來，植物勢不可擋，步步占據視覺中心。豬籠草則是最後壓軸。像這樣按順序作畫，能把不同主題拉進或拉出焦點，好像你伸出手就能摸到最前面的植物。

每晚，我一邊刷牙一邊盯著畫瞧，總會看到哪裡還不完美，還有地方需要修正。我躺在床上睡不著，畫上的植物都在笑我，進展也慢得令人煎熬。這個尺寸的一幅畫，花了我兩個月才完成。兩個月，下筆十七萬兩千八百次，這就是失去對一幅畫的愛要用上的時間。當我再也不想多看它一眼，我就知道：大功告成了。

Landis Barnhill. New York: University of New York Press, 2004, 21.

[42] W. Weston, The Playground of the Far East. London: John Murray, 1918, 205.

[43] C. P. Thunberg, Travels in Europe, Africa, and Asia, Performed Between the Years 1770 and 1779, Vol. III containing ‘A Voyage to Japan and Travels in Different Parts of that Empire in the years 1775 and 1776’.London: printed for F. and C. Rivington, 1796, 83.

[44] W. Weston, The Playground of the Far East. London: John Murray, 1918, 142.

[45] W. Weston, The Playground of the Far East. London: John Murray, 1918, 143.

[46] W. Weston, The Playground of the Far East. London: John Murray, 1918, 105.

[47] W. Weston, The Playground of the Far East. London: John Murray, 1918, 217.

[48] C. P. Thunberg, Travels in Europe, Africa, and Asia, Performed Between the Years 1770 and 1779, Vol. III containing ‘A Voyage to Japan and Travels in Different Parts of that Empire in the years 1775 and 1776’. London: printed for F. and C. Rivington, 1796, 8.

[49] Matsuo Basho, Basho's Journey: The Literary Prose of Matsuo Basho, translated by David Landis Barnhill. New York: University of New York Press, 2005, 4.

[50] L. S. Gibbs, ‘Contribution to the Flora and Plant Formations of Mount Kinabalu and the Highlands of British North Borneo, Journal of the Linnean Society, Vol. XLII, 1913.

[51] E. J. H. Corner, ‘The Plant Life’, in Kinabalu: Summit of Borneo, (Kota Kinabalu: Sabah Society, 1978).

[52] J. Hooker, ‘On the Origin and Development of the Pitchers of Nepenthes, with an Account of some New Bornean Plants of that Genus. Transactions of the Linnaean Society 22 (1859): 415–21.

[53] F. W. Burbidge, The Gardens of the Sun. London: John Murray, 1880, 100.

[54] S. St. John, Life in the Forests of the Far East, Vol. 1. London: Oxford University Press, 1862, 324.

[55] S. St. John, Life in the Forests of the Far East, Vol. 1. London: Oxford University Press, 1862, 323.

[56] R. Brown, An Account of a New Genus of Plants, Named Rafflesia. London: printed by Richard and Arthur Taylor, 1821, 2.

Regions of the New Continent During the Years 1799–1804 (1826), translated by H. M. Williams. New York: Cambridge University Press, 2011, 159.

[27] A. V. Humboldt and A. Bonpland, Personal Narrative of Travels to the Equinoctial Regions of the New Continent During the Years 1799–1804 (1826), translated by H. M. Williams. New York: Cambridge University Press, 2011, 90.

[28] C. P. Thunberg, Travels in Europe, Africa, and Asia, Performed Between the Years 1770 and 1779, Vol. III containing 'A Voyage to Japan and Travels in Different Parts of that Empire in the years 1775 and 1776'. London: printed for F. and C. Rivington, 1796.

[29] K. J. W. Hensen, 'Identification of the Hostas ("Funkias") Introduced and Cultivated by Von Siebold', Mededelingen Van de Landbouwhogeschoolte Wageningen, Nederland 63, 6 (1963): 1–22.

[30] A. Le Lievre, 'Carl Johann Maximowicz (1827–91), Explorer and Plant Collector', The New Plantsman 4, 3 (1997): 131–43.

[31] W. Weston, The Playground of the Far East. London: John Murray, 1918.

[32] W. Weston, The Playground of the Far East. London: John Murray, 1918, 78.

[33] C. P. Thunberg, Travels in Europe, Africa, and Asia, Performed Between the Years 1770 and 1779, Vol III containing 'A Voyage to Japan and Travels in Different Parts of that Empire in the years 1775 and 1776'. London: printed for F. and C. Rivington, 1796, 214.

[34] Matsuo Basho, Narrow Road to the Interior and Other Writings (1644–94), translated by S. Hamill. Boston: Shambhala Publications, 1998.

[35] J. Fisher, Wild Flowers in Danger. London: H. F. & G. Witherbey LTD, 1987, 61.

[36] Matsuo Basho, The Narrow Road to the Deep North and Other Travel Sketches, translated by Nobuyuki Yuasa. London: Penguin Books, 2005.

[37] C. P. Thunberg, Travels in Europe, Africa, and Asia, Performed Between the Years 1770 and 1779, Vol. III containing 'A Voyage to Japan and Travels in Different Parts of that Empire in the years 1775 and 1776'. London: printed for F. and C. Rivington, 1796, 164–5.

[38] W. Weston, The Playground of the Far East. London: John Murray, 1918, 200.

[39] W. Weston, The Playground of the Far East. London: John Murray, 1918, 128.

[40] C. P. Thunberg, Travels in Europe, Africa, and Asia, Performed Between the Years 1770 and 1779, Vol. III containing 'A Voyage to Japan and Travels in Different Parts of that Empire in the years 1775 and 1776'. London: printed for F. and C. Rivington, 1796, 227.

[41] Matsuo Basho, Basho's Haiku: Selected Poems of Matsuo Basho, translated by David

[13] E. Coleman, 'Pollination of the Orchid Cryptostylis leptochila', Victorian Naturalist 44 (1927): 20–2.

[14] J. Sibthorp, in Memoirs relating to European and Asiatic Turkey and other Countries of the East edited from the manuscript journals, ed. R. Walpole (1820). London: Longman, Hurst, Rees, Orme and Brown, 1975, 82.

[15] J. Sibthorp, in Memoirs relating to European and Asiatic Turkey and other Countries of the East edited from the manuscript journals, ed. R. Walpole (1820). London: Longman, Hurst, Rees, Orme and Brown, 1987, 32.

[16] J. Sibthorp, in Memoirs relating to European and Asiatic Turkey and other Countries of the East edited from the manuscript journals, ed. R. Walpole (1820). London: Longman, Hurst, Rees, Orme and Brown, 1987, 37.

[17] G. Durrell, My Family and Other Animals. London: Penguin Books, 1956.

[18] J. Sibthorp, in Memoirs relating to European and Asiatic Turkey and other Countries of the East edited from the manuscript journals, ed. R. Walpole (1820). London: Longman, Hurst, Rees, Orme and Brown, 1974, 18.

[19] J. Sibthorp, in Memoirs relating to European and Asiatic Turkey and other Countries of the East edited from the manuscript journals, ed. R. Walpole (1820). London: Longman, Hurst, Rees, Orme and Brown, 1987, 27–8.

[20] S. Lieberman, Sumerian Loanwords in Old Babylonian Akkadian. Missoula: Scholars Press, 1977, 475.

[21] H. Adams, '1907' , in The Education of Henry Adams. ed. H. Adams. New York: Modern Library, 1931.

[22] T. Shaw, Travels or Observations Relating to Several Parts of Barbary and the Levant, Vol. II. Edinburgh: J. Ritchie, 1808.

[23] A. V. Humboldt and A. Bonpland, Personal Narrative of Travels to the Equinoctial Regions of the New Continent During the Years 1799–1804 (1826), translated by H. M. Williams. New York: Cambridge University Press, 2011, 274, 83.

[24] A. V. Humboldt and A. Bonpland, Personal Narrative of Travels to the Equinoctial Regions of the New Continent During the Years 1799–1804 (1826), translated by H. M. Williams. New York: Cambridge University Press, 2011, 80.

[25] A. V. Humboldt and A. Bonpland, Personal Narrative of Travels to the Equinoctial Regions of the New Continent During the Years 1799–1804 (1826), translated by H. M. Williams. New York: Cambridge University Press, 2011, 95.

[26] A. V. Humboldt and A. Bonpland, Personal Narrative of Travels to the Equinoctial

註釋

[1] C. J. Thorogood U. Bauer and S. J. Hiscock, ‘Convergent and Divergent Evolution in Carnivorous Pitcher Plant Traps’, New Phytologist 217 (2017): 1035–41.

[2] F. Box, C. J. Thorogood and J. Hui Guan, ‘Guided Droplet Transport on Synthetic Slippery Surfaces Inspired by a Pitcher Plant’, J. R. Soc. Interface 16 (158) (September 2019): 20190323.

[3] C. J. Thorogood, C. J. Leon, D. Lei, M. Aldughayman, L-f Huang and J. A. Hawkins, ‘Desert Hyacinths: An Obscure Solution to a Global Problem? ’ Plants, People, Planet 3 (2021): 302–7.

[4] M. Y. Siti-Munirah, N. Dome and C. J. Thorogood,‘Thismia sitimeriamiae (Thismiaceae), an extraordinary new species from Terengganu, Peninsular Malaysia’, PhytoKeys 179 (2021): 75–89.

[5] A. Antonelli, C. Fry, R. J. Smith, M. S. J. Simmonds, P. J. Kersey et al., State of the World's Plants and Fungi 2020. Royal Botanic Gardens, Kew.

[6] A. Pratt, The Flowering Plants and Ferns of Great Britain. London: The Society for Promoting Christian Knowledge, 1855.

[7] S. A. Harris, The Magnificent Flora Graeca: How the Mediterranean Came to the English Garden. Oxford: Bodleian Publishing, 2007.

[8] C. A. Thanos, ‘Aristotle and Theophrastus on Plant-Animal Interactions’, in Plant-Animal Interactions in Mediterranean-Type Ecosystems, ed. M Arianoutsou and R. H. Groves. Dordrecht: Springer, 1994.

[9] L. F. Haas, ‘Pedanius Dioscorides (born about AD 40, died about AD 90)’, Journal of Neurology, Neurosurgery and Psychiatry 60, 4 (1996): 427.

[10] J. Sibthorp, in Memoirs relating to European and Asiatic Turkey and other Countries of the East edited from the manuscript journals, ed. R. Walpole (1818). London: Longman, Hurst, Rees, Orme and Brown, 1975, 66.

[11] J. Sibthorp, in Memoirs relating to European and Asiatic Turkey and other Countries of the East edited from the manuscript journals, ed. R. Walpole (1818). London: Longman, Hurst, Rees, Orme and Brown, 1974, 89.

[12] C. R. Darwin, On the Various Contrivances by which British and Foreign Orchids are Fertilised by Insects, and on the Good Effects of Intercrossing. London: John Murray, 1862.

作品名

《藥物論》　*De Materia Medica*

《希臘植物誌》　*Flora Graeca*

《賽普勒斯植物誌》　*Flora of Cyprus*

《希臘與巴爾幹半島花卉》

Flowers of Greece and the Balkans

《李爾王》　*King Lear*

《論蘭花透過昆蟲授精的各種機制》

On the Various Contrivances by which Orchids are Fertilised by Insects

《遠東樂園》

The Playground of the Far East

其他

誘捕體　bait body

生物多樣性熱點

biodiversity hotspot

泛北植物區　Boreal Kingdom

不列顛群島植物學會

Botanical Society of the British Isles

趨同演化　convergent evolution

悠遠時間　deep time

內寄生物　endoparasites

野外植物學　field botany

吸器　haustoria

基因水平轉移　horizontal gene transfers

超級寫實主義　hyperrealism

李納克爾學院　Linacre College

首見紀錄點　*locus classicus*

地中海型硬葉低木林　maquis

烤豆糊　masabacha

海洋沙漠性地中海型氣候

oceanic-desertic Mediterranean

舊熱帶植物區　Paleotropical Kingdom

植物盲　Plant Blindness

地形突起度　prominence

原始閃語　Proto-Semitic

擬交配　pseudocopulation

佛焰苞　spathe

沉錘　sinker

物種豐富度　species richness

聖麥克尼斯學院　St MacNissi's College

多肉克魯生物群系　Succulent Karoo Biome

第三紀　Tertiary period

維奇苗圃　Veitch Nurseries

證據標本　voucher specimen

作物野生近緣種　wild crop relatives

懷特島　Isle of Wight
雅法　Jaffa
漢迪亞半島　Jandía Peninsula
克魯沙漠國家植物園
Karoo Desert National Botanical Garden
凱德羅斯山脈　Kedros Mountains
肯特郡　Kent
邱園　Kew Gardens
基普悠吊橋　Kipuyut
亞庇　Kota Kinabalu
凱赫洛卡姆　Κεχρόκαμπος
格拉西奧薩島　La Graciosa
拉班拉塔山屋　Laban Rata
蘭薩羅特島　Lanzarote
拉帕西斯　Lapasis
查喬山　Las Peñas del Chacho
羅西塔斯山　Las Rositas
拉央拉央　Layang-Layang
小克魯沙漠　Little Karoo Desert
洛伯斯島　Lobos
坎勞倫敦德里紋章旅館
Londonderry Arms in Carnlough
羅氏峰　Low's Peak
馬內赫死火山　Maneje
馬雷帕雷　Marei Parei
梅西勞　Mesilau
蒙茅斯郡　Monmouthshire
京那巴魯山　Mount Kinabalu
馬森登神殿　Mussenden Temple
納哈札哈夫　Nahal Zahav
拿撒勒　Nazareth
內斯托斯　Nestos
奧馬洛斯平原　Omalos Plain
奧佐拉　Órzola
帕納拉班　Panalaban
帕弗斯森林　Paphos Forest
北根納巴魯　Pekan Nabalu
皮諾索高原　Pinosok Plateau
竹亭　Pondok Bambu
羅氏涼亭　Pondok Lowii
豬籠草亭　Pondok Nepenthes
木荷涼亭　Pondok Schima
絨毛涼亭　Pondok Villosa
里維埃拉　Ριβιέρα
拉瑪　Ramah
拉斯林島　Rathlin Island
洛多皮山脈　Rhodope Mountains
沙巴　Sabah
崖邊聖瑪格麗特
Saint Margaret's at Cliffe
薩亞薩亞　Sayat Sayat
謝札夫自然保護區
Sheizaf Nature Reserve
閃耀溪　Silau Silau
史畢利丘陵　Spili Bumps
里歐海峽　Strait of El Río
黎凡特　The Levant
內蓋夫沙漠　the Negev Desert
塞薩洛尼基　Thessaloniki
丁波漢登山口　Timpohon Gate
特羅多斯山區　Troodos Mountains
圖伊內赫　Tuineje
措法爾　Tzofar
威爾斯　Wales
白崖　White Cliffs
康瓦耳的惠特桑德灣
Whitsand Bay in Cornwall
利托喬羅　Λιτόχωρο

瑪麗・史壯・克萊門斯
Mary Strong Clemens
馬提亞斯・赫南德茲・岡薩雷茲
Matías Hernandez Gonzalez
諾爾・寇威爾　Noel Coward
奧列格・波魯寧　Oleg Polunin
奧利・弗拉格曼－薩皮爾
Ori Fragman-Sapir
菲力普・法蘭茲・馮・西伯德
Philipp Franz Balthasar von Siebold
雷克斯・葛瑞漢　Rex Graham
羅伯特・梅克
Robert Desmond Meikle
休・羅爵士　Sir Hugh Low
約瑟夫・胡克爵士　Sir Joseph Hooker
史賓賽・聖約翰　Spencer St. John
泰奧弗拉斯托斯　Theophrastus
湯瑪士・蕭　Thomas Shaw
棠奇托聖母　Virgen del Tanquito
胡爾　W. S. Hore
華特・麥西穆斯　Walter Maximus
華特・韋斯頓　Walter Weston
威廉・波特里克　William Bortrick
尤瓦・薩皮爾　Yuval Sapir

地名

阿古哈格蘭德斯火山　Agujas Grandes
阿卡馬斯　Akamas
阿克羅提利半島　Akrotiri Peninsula
阿巴阿馬耶公路　Al Bah Al Mayet
阿萊格倫薩島　Alegranza island
阿拉德　Arad
阿雷希非市　Arrecife
阿沙利姆　Ashalim
艾因阿布馬木德　Ayn Abu Mahmud
巴里堡　Ballycastle
林科內斯谷　Barranco de Rincones
美神之池　Baths of Aphrodite
茂物市　Bogor
油脂灣　Caleta de Sebo
開普植物區系
Cape Floristic Region
卡森瀑布　Carson's Fall
恰波可自然保護區　Chaboconatura
哈尼亞　Chania
奇尼霍群島　Chinijo Archipelago
科菲特平原　Cofete Plain
安特令郡　County Antrim
迪爾　Deal
多佛修道院　Dover Priory
埃拉特　Eilat
恩尼琵亞斯峽谷　Enipeas Canyon
艾色克斯郡　Essex
公平頭海岬　Fair Head
法馬拉山　Famara
康姆尼納堡壘　Fortress of Κομνηνά
福提文土拉島　Fuerteventura
吉烏坎波斯高原
Gious Kampos plateau
安特令幽谷　Glens of Antrim
格拉姆武薩半島
Gramvousa Peninsula
哈考特植物園　Harcourt Arboretum
哈利亞　Haría
海克斯河谷山脈　Hex River Mountain
霍邦河　Hobang
荷拉斯法基翁　Hora Sfakion
因布洛斯谷　Imbros

蓪草　*Tetrapanax papyrifer*
崖爬藤　*Tetrastigma*
鄧伯花屬　*Thunbergia*
百里香　*Thymus integer*
地中海鹿草　*Tordylium apulum*
波塞里碧果草
Trichodesma boissieri
水桉　*Tristaniopsis*
賽普勒斯鬱金香　*Tulipa cypria*
多弗勒鬱金香　*Tulipa doerfleri*
荒漠鬱金香　*Tulipa systola*
日本風蘭　*Vanda falcata*
朱葉花楸
vermilion-leaved mountain ash
鎮江白前
Vincetoxicum sublanceolatum
美洲葡萄　*Vitis Labrusca*
錦帶花　*Weigelia hortensis*
白鈴蘭花　white bell
野玉簪　wild hosta
野鳶尾花　wild iris
野常春藤　wild ivy
紫藤　wisteria vine
睡茄　*Withania somnifera*
艾草　wormwood

人名

亞歷山大・洪堡
Alexander von Humboldt
阿弗雷多・雷耶斯－貝坦寇特
Alfredo Reyes-Betancort
艾莉森・比勒　Alison Beale
安妮・普拉特　Anne Pratt
阿芙蘿黛蒂　Aphrodite
亞里斯多德　Aristotle
班・瓊斯　Ben Jones
卡爾・馬西莫維奇
Carl Johann Maximowicz
卡爾・彼得・鄧伯
Carl Peter Thunberg
達・本－納棠　Dar Ben-Natan
大衛・麥克林托克
David McClintock
迪奧斯克里德斯　Dioscorides
約瑟夫・阿諾博士
Dr. Joseph Arnold
伊迪絲・柯曼　Edith Coleman
艾德雷德・柯納　Edred Corner
艾萊夫塞里奧・達利歐提斯
Eleftherios Dariotis
斐迪南・鮑爾　Ferdinand Bauer
法蘭西絲・安・范恩
Frances Anne Vane
弗雷・朗姆西　Fred Rumsey
弗德里克・伯比奇
Frederick William Burbidge
第四代布里斯托伯爵弗德里克
Frederick, 4th Earl of Bristol
傑洛德・杜瑞爾　Gerald Durrell
詹姆斯・赫頓　James Hutton
約翰・勞登
John Claudius Loudon
約翰・麥克菲　John McPhee
約翰・錫布索普　John Sibthorp
約翰・維奇　John Veitch
茱蒂・丹契　Judi Dench
莉蓮・吉布斯　Lilian Gibbs
瑪麗安娜・諾斯　Marianne North

剛竹
Phyllostachys bambusoides
薩哈林雲杉　*Picea glehnii*
半夏　*Pinellia* sp.
樹車前　*Plantago arborescens*
卵唇粉蝶蘭　*Platanthera minor*
高山粉蝶蘭
Platanthera sachalinensis
長鉤葉藤　*Plectocomia elongata*
雞毛松　*Podocarpus imbricatus*
日本鹿蹄草　*Pyrola japonica*
石葦　*Pyrrosia lingua*
胭脂蟲櫟　*Quercus coccifera*
凱氏大王花　*Rafflesia keithii*
赫爾德賴希歐洲苣苔
Ramonda heldreichii
波斯毛莨　*Ranunculus asiaticus*
亞速爾毛莨
Ranunculus cortusifolius
狐尾木犀草　*Reseda alopecuros*
黃木犀草　*Reseda luteola*
石斑木　*Rhaphiolepis indica*
粉紅杜鵑
Rhododendron albrechtii
擬歐石楠杜鵑
Rhododendron ericoides
錯誤杜鵑
Rhododendron fallacinum
山杜鵑
Rhododendron kaempferi
羅氏杜鵑　*Rhododendron lowii*
狹葉杜鵑
Rhododendron stenophyllum
岩雷鳥　rock ptarmigan
岩海蓬子　rock samphire
沙番紅花　*Romulea columnae*
莠草大麻　ruderal weed
地中海豬毛菜
Salsola vermiculata
豬毛菜　saltwort
多明尼加鼠尾草
Salvia dominica
多刺地榆
Sarcopoterium spinosum
粽笹　*Sasa palmata*
伊吹笹　*Sasa tsuboiana*
大紫蛺蝶　*Sasakia charonda*
皋月杜鵑（栽培種）
Satsuki azaleas（非學名）
薩爾山虎耳草
Saxifraga scardica
祕魯胡椒木　*Schinus molle*
日本金松
Sciadopitys verticillata
闊葉綿棗兒　*Scilla latifolia*
海胡蘿蔔　sea carrot
舌蘭　*Serapias politisii*
矮毒馬草　*Sideritis pumila*
絨毛蠅子草　*Silene villosa*
白芥子花　*Sinapis alba*
雪鈴　*Soldanella* sp.
黃花羽裂苦苣菜
Sonchus pinnatifidus
泥炭苔　sphagnum moss
綬草　*Spiranthes sinensis*
舞蹈女人蘭　*Stikorchis*
横斑太蘭
tabernaemontani

豹斑豬籠草
Nepenthes burbidgeae
愛德華豬籠草
Nepenthes edwardsiana
馬來王豬籠草　*Nepenthes rajah*
窄葉豬籠草
Nepenthes stenophylla
毛蓋豬籠草
Nepenthes tentaculate
長毛豬籠草　*Nepenthes villosa*
京那巴魯豬籠草　*Nepenthes* x *kinabaluensi*
紅毛丹　*Nephelium lappaceum*
伏地沙梅草　*Neurada procumbens*
關西萍蓬草
Nuphar saikokuensis
漿果木樨　*Ochradenus baccatus*
假種皮鳶尾節
Oncocyclus irises
大瓶爾小草
Ophioglossum polyphyllum
蜂蘭屬　*Ophrys*
賽普勒斯蜂蘭　*Ophrys kotschyi*
克里特蜂蘭
Ophrys kotschyi subsp. *cretica*
黃蜂蜂蘭　*Ophrys sphegodes*
希臘黃蜂蜂蘭
Ophrys sphegodes subsp. *spruneri*
鋸蠅蜂蘭
Ophrys tenthredinifera
義大利紅門蘭　*Orchis italica*
裸男蘭　*Orchis italica*
疏花紅門蘭　*Orchis pauciflora*
特羅多斯紅門蘭　*Orchis troodi*
白花列當　*Orobanche alba*
城堡列當　*Orobanche castellana*
列當　*Orobanche coerulescens*
小列當　*Orobanche minor*
濱小列當
Orobanche minor subsp. *maritima*
向陽小列當
Orobanche minor var. *heliophila*
黃小列當
Orobanche minor var. *lutea*
紫小列當
Orobanche minor var. *pseudoamethystea*
毛蓮列當　*Orobanche picridis*
薊列當　*Orobanche reticulata*
紫萁　*Osmunda japonica*
耶利哥苞葉菊
Pallenis hierochuntica
林投　*Pandanus tectorius*
羅氏仙履蘭
Paphiopedilum rothschildianum
皺葉盤果草
Paracaryum rugulosum
無葉槓柳　*Periploca aphylla*
平滑槓柳　*Periploca laevigata*
蜂斗菜　*Petasites japonicus*
黃筒花　*Phacellanthus tubiflorus*
綠橄欖　*Phillyrea latifolia*
沙漠耶路撒冷糙蘇
Phlomis platystegia
裂葉糙蘇　*Phlomoides laciniata*
加納利海棗
Phoenix canariensis
梳狀石仙桃
Pholidota pectinata

白花小額空木

Hydrangea luteovenosa

馬鞍藤　*Ipomoea pes-caprae*

黑鳶尾　*Iris atrofusca*

拿撒勒鳶尾　*Iris bismarckiana*

玉蟬花　*Iris ensata*

紅籽鳶尾　*Iris foetidissima*

瑪麗亞鳶尾　*Iris mariae*

脊苞鳶尾花　*Iris reichenbachii*

蛇頭鳶尾　*Iris tuberosa*

克里特鳶尾

Iris unguicularis subsp. *cretensis*

虎杖　Japanese knotweed

羊銜草　*Jasione montana*

島杜松　*Juniperus taxifolia*

埃及癌草　*Kickxia aegyptiaca*

夾竹桃葉仙人筆

Kleinia neriifolia

檜葉寄生　*Korthalsella japonica*

洛多皮齒鱗草

Lathraea rhodopea

鱗葉齒鱗草

Lathraea squamaria

栓果菊　*Launea arborescens*

羽葉薰衣草　*Lavandula pinnata*

反曲檉柳梅

Leptospermum recurvum

小點貓鯊

lesser spotted catshark

南方枸杞　*Licium intricatum*

藍指海星　*Linckia laevigata*

北極花　*Linnaea borealis*

樹亞麻　*Linum arboretum*

毛粉紅亞麻　*Linum pubescens*

石櫟　*Lithocarpus*

小高山蘭花

little mountain orchid

石松　*Lycopodium* sp.

西方臭菘

Lysichiton americanus

白臭菘

Lysichiton camtschatcensis

劍葉莎草　*Machaerina falcata*

日本厚樸

Magnolia obovata

柳葉木蘭　*Magnolia salicifolia*

粗糠柴／菲島桐

Mallotus philippensis

木薯　*Manihot esculenta*

野牡丹藤　*Medinilla*

基尖葉野牡丹

Melastoma malabathricum

芒蘭

Metanarthecium luteoviride

蘿藦　*Metaplexis japonica*

帽蕊草　*Mitrastemon yamamotoi*

稀子蕨

Monachosorum subdigitatum

疏花單花景天　*Monanthes laxiflora*

水晶蘭　*Monotropastrum humile*

豹斑豬籠草

Nepenthes burbidgeae

暗色豬籠草　*Nepenthes fusca*

羅氏豬籠草　*Nepenthes lowii*

阿里豬籠草

Nepenthes x *alisaputrana*

日本雙葉蘭　*Neottia nipponica*

蘇鐵　*Cycas revoluta*
仙客來　*Cyclamen persicum*
赤紅鎖陽
Cynomorium coccineum
簇花草屬　*Cytinus*
吉布斯氏陸均松
Dacrydium gibbsiae
千鳥粉蝶蘭
Dactylorhiza aristata forma punctata
斑葉芒尖掌裂蘭
Dactylorhiza aristata forma punctata
萱草　daylily
穗花蘭
Dendrochilum stachyodes
齒葉溲疏　*Deutzia crenata*
雙扇蕨　*Dipteris conjugata*
龍腦香　dipterocarp
龍芋　*Dracunculus vulgaris*
東海茅膏菜　*Drosera tokaiensis*
尖刺黑花天南星
Eminium spiculatum
淫羊藿　epimedium
無葉上鬚蘭／幽靈蘭
Epipogium aphyllum
鐘石楠　*Erica cinerea*
歐石楠　*Erica tetralix*
加納利大戟
Euphobia canariensis
大戟屬　*Euphorbia*
鳳仙大戟
Euphorbia balsamifera
漢迪亞大戟
Euphorbia handiensis
茅利塔尼亞大戟
Euphorbia mauritanica
桃金孃大戟
Euphorbia myrsinites
八角金盤　*Fatsia*
大阿魏　*Ferula communis*
蘭薩羅特島阿魏　*Ferula lancerottensis*
毛地黃　foxglove
波斯貝母　*Fritillaria persica*
荊豆花　furze
頂冰花　*Gagea*
大西洋蜥蜴　*Gallotia atlantica*
黃花金雀花
Genista sakellariadis
深紫唐菖蒲
Gladiolus atroviolaceus
巨龍海芋　great dragon arums
二葉樹
great welwitschias of Namibia
風滾薊　*Gundelia tournefortii*
百里香葉岩薔薇
Helianthemum thymiphyllum
棉擬蠟菊
Helichrysum gossypinum
紅火袋蠟菊
Helichrysum monogynum
白花天芥菜
Heliotropium bacciferum
黃槿　*Hibiscus tiliaceus*
玉簪屬　*Hosta*
祖谷玉簪　*Hosta capitata*
毬蘭　*Hoya carnosa*
鞭寄生屬　*Hydnora*
鞭寄生　*Hydnora africana*

紫苞天南星
Arum purpureospathum
岩生天南星　*Arum rupicola*
茨竹　*Arundo bambos*
笑窪細辛　*Asarum gelasinum*
紫蘆筍　*Asparagus purpuriensis*
多枝阿福花
Asphodelus ramosus
蜘蛛抱蛋　aspidistras
臺灣山蘇　*Asplenium nidus*
白花雛菊　*Asteriscus schultzii*
日本落新婦　*Astilbe japonica*
硬皮地星
Astraeus hygrometricus
高山黃耆　*Astragalus aleppicus*
山羊黃耆　*Astragalus caprinus*
沙漠黃耆
Astragalus intercedens
大果黃耆
Astragalus macrocarpus
三月黃耆　*Astragalus trimestris*
闊葉仙傘芹　*Astydamia latifolia*
木蒼朮　*Atractylis arbuscula*
灰濱藜　*Atriplex glauca*
地中海濱藜　*Atriplex halimus*
塞薩利紫花薺
Aubretia thessala
蛇菰　*Balanophora*
山毛櫸　beech
雪羅馬風信子
Bellevalia nivalis
三葉羅馬風信子
Bellevalia trifoliata
黑果越橘　bilberry
韓氏烏毛蕨
Blechnum nipponicum
百簕花　*Blepharis attenuata*
白芨　*Bletilla striata*
藍鈴花　bluebell
常春菊屬　*Brachyglottis*
海濱芥　*Cakile maritima*
西奈水牛角　*Caralluma sinaica*
日本大百合
Cardiocrinum cordatum
栲樹　*Castanopsis*
黎巴嫩雪松　cedar
銀蘭　*Cephalanthera erecta*
海檬果　*Cerbera manghas*
肉蓯蓉　*Cistanche deserticola*
小肉蓯蓉　*Cistanche fissa*
鹽生肉蓯蓉　*Cistanche salsa*
管花肉蓯蓉　*Cistanche tubulosa*
鑲紫肉蓯蓉　*Cistanche violacea*
臺灣香檬　*Citrus depressa*
貝母蘭　*Coelogyne papillosa*
實心延胡索　*Corydalis solida*
老鸛草　crane's bill
文殊蘭　*Crinum asiaticum*
節莖茜草　*Cruciata articulata*
日本柳杉　*Cryptomeria japonica*
預言黃瓜
Cucumis prophetarum
家蚊　*Culex irritans*
杯花菟絲子
Cuscuta approximata
菟絲子　*Cuscuta hygrophilae*
蛇木桫欏／筆筒樹
Cyathea lepifera

名詞對照表

植物／動物名

法托羅夫斯基菊
Aaronsohnia factorovski
日光冷杉　*Abies homolepis*
捲豆金合歡樹　*Acacia raddiana*
爵床科　Acanthaceae
敘利亞老鼠簕
Acanthus syriacus
花楷槭　*Acer ukurunduense*
樹蓮花掌
Aeonium lancerottense
細花絨蘭
Aeridostachya robusta
龍爪愛染草
Aichryson tortuosum
西班牙番杏　*Aizoon hispanicum*
五葉木通　*Akebia quinata*
黑蔥　*Allium aschersonianum*
加納利蔥　*Allium canariense*
以色列蔥　*Allium israeliticum*
魯提蔥　*Allium rothii*
西奈蔥　*Allium sinaiticum*
枴杖糖花　*Allotropa virgata*
蘭嶼姑婆芋
Alocasia macrorrhizos
姑婆芋　*Alocasia odora*
月桃　*Alpinia zerumbet*
藍氏魔芋
Amorphophallus lambii
巨花魔芋
Amorphophallus titanum
有節假木賊　*Anabasis articulata*
扇唇倒距蘭　*Anacamptis collina*
蝶形倒距蘭
Anacamptis papilionacea
倒距蘭　*Anacamptis pyramidalis*
銀蓮花　anemone
歐洲銀蓮花
Anemone coronaria
水仙銀蓮花
Anemone narcissiflora
阿拉伯牛眼菊　*Anvillea garcinii*
紫花南芥　*Arabis purpurea*
遼東楤木　*Aralia elata*
希臘漿果鵑　*Arbutus andrachne*
馬德拉木茼蒿
Argyranthemum maderense
面河天南星　*Arisaema iyoanum*
細齒南星
Arisaema serratum var. *serratum*
青天南星　*Arisaema tosaense*
博塔氏馬兜鈴　*Aristolochia bottae*
琉球馬兜鈴
Aristolochia liukiuensis
港口馬兜鈴
Aristolochia zollingeriana
香菠蘿
Artocarpus odoratissimus
愛琴海天南星
Arum concinnatum
克里特天南星　*Arum creticum*
昔蘭尼加天南星
cyrenaicum
迪氏天南星　*Arum dioscoridis*
水天南星　*Arum hygrophilum*
山地天南星　*Arum idaeum*

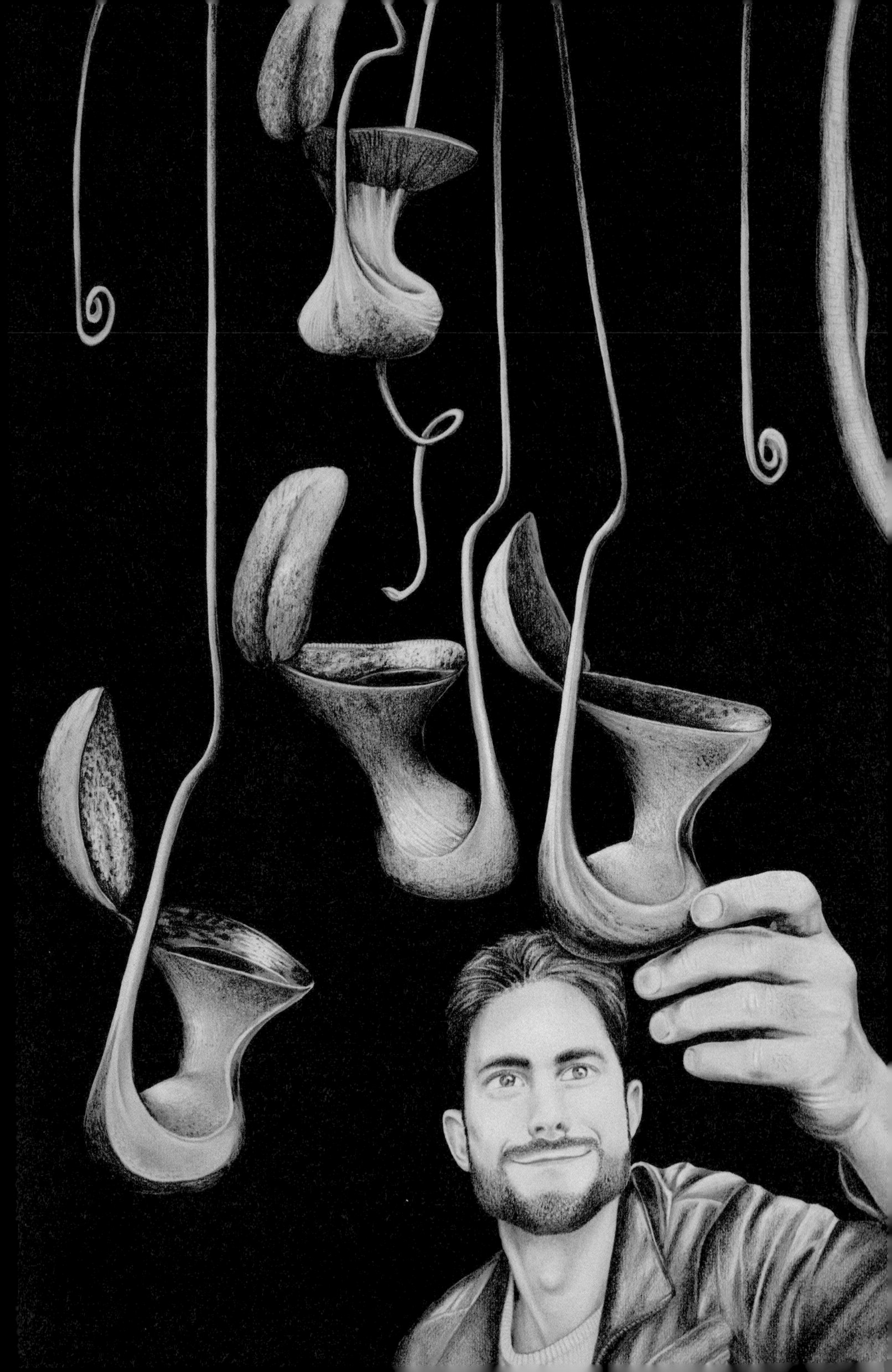

牛津植物學家的野帳：從 IKEA 到火山口，一趟勇往「植」前的全球採集之旅
Chasing Plants: Journeys with a botanist through rainforests, swamps, and mountains
作者｜克里斯 · 索羅古德（Chris Thorogood）
譯者｜韓絜光
審定｜謝長富

一卷文化
社長暨總編輯｜馮季眉
責任編輯｜林諺廷
封面設計｜莊謹銘
內頁設計｜林心嵐

出　版｜一卷文化／遠足文化事業股份有限公司
發　行｜遠足文化事業股份有限公司（讀書共和國出版集團）
地　址｜ 231 新北市新店區民權路 108-2 號 9 樓
郵撥帳號｜ 19504465 遠足文化事業股份有限公司
電　話｜ (02)2218-1417
客服信箱｜ service@bookrep.com.tw

法律顧問｜華洋法律事務所　蘇文生律師
印　　製｜凱林彩印股份有限公司

2024 年 11 月　初版一刷
定價｜ 600 元　書號｜ 2TNT0001
ISBN ｜ 9786269914715（平裝）
ISBN ｜ 9786269914708（EPUB）　　9786269888092（PDF）

國家圖書館出版品預行編目 (CIP) 資料

牛津植物學家的野帳 : 從 IKEA 到火山口 , 一趟勇往「植」前的全球採集之旅 / 克里斯 . 索羅古德 (Chris Thorogood) 著 ; 韓絜光譯 . -- 初版 . -- 新北市 : 一卷文化 , 遠足文化事業股份有限公司 , 2024.11
352 面 ; 14.8 × 21 公分
譯自 : Chasing plants : journeys with a botanist through rainforests, swamps, and mountains
ISBN 978-626-99147-1-5(平裝)

1.CST: 植物 2.CST: 旅遊文學

370 113015766

First published in 2022 by Royal Botanic Gardens, Kew, Richmond, Surrey, TW9 3AB, UK www.kew.org and The University of Chicago Press, Chicago 60637, USA